図説 Japanese Coasts
日本の海岸

柴山知也 | Tomoya Shibayama
茅根　創 | Hajime Kayanne　［編集］

朝倉書店

編 集 者

柴 山 知 也	早稲田大学理工学術院・教授／横浜国立大学名誉教授
茅 根 　 創	東京大学大学院理学系研究科・教授

英 文 編 集
English Editor

Miguel Esteban	東京大学大学院新領域創成科学研究科

執 筆 者
(五十音順)

青 木 伸 一	大阪大学大学院工学研究科		千 田 　 昇	大分大学名誉教授
浅 野 敏 之	鹿児島大学大学院理工学研究科		出 口 一 郎	大阪大学名誉教授
石 田 　 啓	金沢大学名誉教授		長 林 久 夫	日本大学工学部
泉 宮 尊 司	新潟大学工学部		中 山 恵 介	北見工業大学工学部
井 上 志 保 里	東京大学大学院理学系研究科		信 岡 尚 道	茨城大学工学部
岩 瀬 文 人	公益財団法人黒潮生物研究所		畑 田 佳 男	愛媛大学大学院理工学研究科
宇 多 高 明	一般財団法人土木研究センター		日 比 野 忠 史	広島大学大学院工学研究科
奥 澤 公 一	独立行政法人水産総合研究センター		藤 田 弘 一	三重県農林水産部水産資源課
柿 沼 太 郎	鹿児島大学大学院理工学研究科		増 田 龍 哉	熊本大学大学院先導機構
茅 根 　 創	東京大学大学院理学系研究科		間 瀬 　 肇	京都大学防災研究所
菅 　 浩 伸	岡山大学大学院教育学研究科		松 冨 英 夫	秋田大学大学院工学資源学研究科
木 岡 信 治	独立行政法人寒地土木研究所		松 原 彰 子	慶応義塾大学経済学部
木 村 　 晃	鳥取大学名誉教授		松 見 吉 晴	鳥取大学大学院工学研究科
木 村 克 俊	室蘭工業大学大学院工学研究科		真 野 　 明	東北大学災害科学国際研究所
堺 　 茂 樹	岩手大学工学部		三 上 貴 仁	早稲田大学大学院創造理工学研究科
佐 々 木 淳	東京大学大学院新領域創成科学研究科		水 谷 法 美	名古屋大学大学院工学研究科
柴 山 知 也	早稲田大学理工学術院 横浜国立大学名誉教授		宮 内 崇 裕	千葉大学大学院理学研究科
島 田 広 昭	関西大学環境都市工学部		村 上 啓 介	宮崎大学工学部
杉 原 　 薫	独立行政法人国立環境研究所		森 本 剣 太 郎	熊本大学沿岸域環境科学教育研究センター
鈴 木 崇 之	横浜国立大学大学院都市イノベーション 研究院		矢 北 孝 一	熊本大学工学部技術部
清 野 聡 子	九州大学大学院工学研究院		安 田 誠 宏	京都大学防災研究所
高 木 泰 士	東京工業大学大学院理工学研究科		山 西 博 幸	佐賀大学低平地沿岸海域研究センター
滝 川 　 清	熊本大学沿岸域環境科学教育研究センター		山 野 博 哉	独立行政法人国立環境研究所
武 若 　 聡	筑波大学システム情報系		由 比 政 年	金沢大学理工研究域
田 中 　 仁	東北大学大学院工学研究科		渡 部 靖 憲	北海道大学大学院工学研究院

はじめに－日本の海岸の全体像－

　日本の海岸は総延長約 35,000 km と言われている．海岸の風景は「白砂青松」に代表されるように，日本を代表する風景の一つとされてきた．「松島」，「三保の浦」，「天橋立」をはじめとして歌枕に数多くの海岸が含まれており，海岸は風光明媚の場所として万葉集の昔から歴史を越えて人々に親しまれてきた．一方で，明治以来 140 年に及ぶ近代化，産業化の過程で海岸の姿は大きく変化を遂げている．近代的な港湾の建設と臨海工業地帯の発展が 1960 年代を中心とした日本経済の高度成長を支えてきた．すなわち，千年以上にわたり親しんだ風景と，産業化以降の急激な変化が混在する場として，日本の海岸域は人々に認識されてきた．

　一方で北海道から沖縄に至る南北に長い日本列島は，多様な生態系を有しており，海岸域を豊かな生物相の面からとらえることもできる．縄文時代から日本人の食生活は魚貝や海藻など，海岸で収獲される食材によって彩られてきた．津々浦々に至るまで，漁港の整備が進み，水産業が地域の産業として生活を支えている海岸も多い．

　2011 年 3 月 11 日に発生した東北地方太平洋沖地震津波は，我が国の海岸が大きな自然災害に対して脆弱であることをはっきりと示した．日本の海岸は伊勢湾台風（1959 年）に代表されるような高潮，東北の津波に代表されるような津波に繰り返し襲われてきた悲惨な歴史を有している．豊かな恵みと安らぎを与えてくれる一方で，恐ろしい災厄ももたらす海岸を，私たちは今まで以上によく理解して，賢く利用していかなければならない．

　本書ではこのような海岸の諸相をとらえ，日本全国の 40 あまりの海岸を紹介することにより，日本の海岸の全体像をとらえようと試みた．左ページに解説文を掲げ，右ページには写真を掲げて一つの海岸を 2 ページまたは 4 ページで記述している．また，広く世界中の人々に日本の海岸の美しさを伝えることができるように，英文での概説と写真の英文による解説も加えてある．

　本書を通じて日本の多様な海岸のあり方への理解が進み，海岸の環境を守り，沿岸災害への守りを固めていく息の長い取り組みが継続していくことを期待する．

2013 年 4 月

柴 山 知 也

茅 根　　 創

目　　次

総説 1　地学的に見た日本の海岸
　　Geological Formation Process of Japanese Coast　　　　　　　［茅根　　創］　2

総説 2　砂浜海岸の社会的変遷
　　Industrialization Process and Coastal Problems　　　　　　　［柴山知也］　4

用語解説　　　　　　　　　　　　　　　　　　　　　　　　　　　　　　　　　6

北海道

1　北海道北部の海岸
　　Northern Coast of Hokkaido　　　　　　　　　　　　　　　　［中山恵介］　12

2　日高・胆振海岸
　　Hidaka Coast and Iburi Coast　　　　　　　　　　　　　　　　［木村克俊］　14

3　オホーツク海岸
　　Okhotsk Coast　　　　　　　　　　　　　　　　　　　［渡部靖憲・木岡信治］　16

東北

4　西津軽海岸—地震による隆起と地すべりによる解体の現場
　　Nishi-tsugaru Coast　　　　　　　　　　　　　　　　　　　　［宮内崇裕］　18

5　秋田県の海岸
　　Coast in Akita Prefecture　　　　　　　　　　　　　　　　　　［松冨英夫］　20

6　三陸海岸，高田海岸
　　Sanriku Coast, Takata Coast　　　　　　　　　　　　　　　　　［堺　茂樹］　24

7　蒲生干潟
　　Gamo Lagoon　　　　　　　　　　　　　　　　　　　　　　　［田中　仁］　26

8　松島
　　Matsushima (Pine Islands)　　　　　　　　　　　　　　　　　　［真野　明］　28

9　夏井・四倉海岸
　　Natsui-Yotsukura Coast　　　　　　　　　　　　　　　　　　　［長林久夫］　30

◆　コラム 1　東北地方太平洋沖地震津波（2011 年 3 月 11 日）
　　2011 Great Eastern Japan Earthquake and Tsunami　　　　　［柴山知也・三上貴仁］　34

関東

10　五浦海岸—近代美術を育んだ美しい海岸の保全
　　Idura Coast　　　　　　　　　　　　　　　　　　　　　　　　［信岡尚道］　36

11　茨城県南部の海岸—長い砂浜と鹿島港建設の明と暗
　　Coast of Southern Ibaraki　　　　　　　　　　　　　　　　　　［武若　聡］　38

12　三番瀬
　　Sanbanze　　　　　　　　　　　　　　　　　　　　　　　　［佐々木淳］　40

13　東京湾の埋立地
　　Reclamation in Tokyo Bay　　　　　　　　　　　　　　　　　　［高木泰士］　42

14　沖ノ鳥島
　　Okinotorishima Island　　　　　　　　　　　　　　　　　　　　［茅根　　創］　46

関東

15 秋谷海岸（久留和地区）
Akiya Coast (Kuruwa Area) ［柴山知也］ 48

16 藤沢海岸
Fujisawa Coast ［鈴木崇之］ 50

北陸

17 新潟海岸
Niigata Coast ［泉宮尊司］ 52

18 千里浜海岸―波打ち際のドライブルート（千里浜なぎさドライブウェイ）
Chirihama Beach ［由比政年］ 56

19 気比の松原海岸と和田・高浜海岸
Coasts of Wakasa-Kehi-Matsubara Beach and Wada-Takahama Beach ［石田　啓］ 58

中部

20 駿河湾の海岸
Numazu-Fuji Coast along the inner Suruga Bay ［松原彰子］ 62

21 三保ノ松原
Mihono-matsubara Sand Spit ［宇多高明］ 64

22 遠州灘
Enshu Coast ［青木伸一］ 66

23 三河湾
Mikawa Bay ［水谷法美］ 68

24 五ヶ所湾
Gokasyo Bay ［奥澤公一］ 70

25 松名瀬海岸
Matsunase Coast ［藤田弘一］ 74

近畿

26 白良浜―白く輝くポケットビーチ
Shirarahama ［安田誠宏］ 78

27 大阪府の海岸
Coastline of Osaka Prefecture ［出口一郎］ 80

28 天橋立―天に架かる橋
Amanohashidate-A Bridge to Heaven- ［間瀬　肇］ 84

29 兵庫県の海岸
Coast of Hyogo Prefecture ［島田広昭］ 86

中国

30 鳥取海岸
Tottori Coast ［木村　晃］ 88

31 牛窓諸島―白砂青松の多島美をつくる花崗岩の島々（岡山県）
Ushimado Islands ［菅　浩伸］ 90

32 島根県の海岸
Coast in Shimane Prefecture ［松見吉晴］ 92

33 広島湾―歴史と自然に酔う
Hiroshima Bay-attractive history and nature ［日比野忠史］ 94

四国

34 伊予市森海岸
Mori beach in Ehime Prefecture ［畑田佳男］ 98

35 竜串海岸―自然再生でよみがえった海
Tatsukushi Coast : The sea which was revived by nature restoration projects. ［岩瀬文人］ 100

◆ コラム2　九州・四国・本州のサンゴ群集
　　　　　Corals in Kyusyu, Shikoku and Honshu　　　　　　　　　　　　　［山野博哉・杉原　薫］　102

九州・沖縄

36　博多湾
　　　Hakata Bay　　　　　　　　　　　　　　　　　　　　　　　　　　　　　［清野聡子］　104

37　東与賀海岸
　　　Higashiyoka Coast in the inner part of Ariake Sea　　　　　　　　　　　［山西博幸］　108

38　有明海（熊本沿岸）・天草・八代海　　　　　　［滝川　清・矢北孝一・増田龍哉
　　　Kumamoto Coast in Ariake Sea, Amakusa Coast and Yatsushiro Coast　・森本剣太郎］　110

39　大分県豊後水道・高島の海岸
　　　Seashore of Takashima islands, Bungo Channel, Oita Prefecture　　　　　［千田　昇］　114

40　宮崎の海岸―波状岩がつくりだす海岸風景
　　　Miyazaki Coast–A very unique coastal scenery with Onino Sentakuita　　［村上啓介］　118

41　指宿海岸
　　　Ibusuki Coast　　　　　　　　　　　　　　　　　　　　　　　　　　　［浅野敏之］　120

42　薩南諸島の海岸―屋久島と種子島
　　　Yakushima・Tanegashima　　　　　　　　　　　　　　　　　　　　　　［柿沼太郎］　124

43　硫黄鳥島の海岸
　　　Iwotorishima Island　　　　　　　　　　　　　　　　　　　　　　　［井上志保里］　128

44　サンゴ礁の海岸（沖縄県）
　　　Coast of Okinawa　　　　　　　　　　　　　　　　　　　　　　　　　［茅根　創］　130

付　録　　　　　　　　　　　　　　　　　　　　　　　　　　　　　　　　　　　　　134
　　日本の白砂青松百選／日本の渚百選／快水浴場百選／海岸部のある国立公園／日本三景

文　献　　　　　　　　　　　　　　　　　　　　　　　　　　　　　　　　　　　　　146

索　引　　　　　　　　　　　　　　　　　　　　　　　　　　　　　　　　　　　　　150

図説 日本の海岸　掲載海岸地図

- オホーツク海岸
- 知床半島
- 日高・胆振海岸
- 西津軽海岸
- 男鹿半島
- 三陸海岸, 高田海岸
- 松島
- 蒲生干潟
- 夏井・四倉海岸
- 五浦海岸
- 鹿島港
- 三番瀬
- 東京湾の埋立地
- 秋谷海岸
- 藤沢海岸
- 千里浜海岸
- 新潟海岸
- 気比の松原海岸
- 和田・高浜海岸
- 但馬海岸
- 天橋立
- 牛窓海岸
- 鳥取海岸
- 広島湾
- 大社湾
- 東与賀海岸
- 博多湾
- 有明海
- 天草
- 八代海
- 屋久島
- 種子島
- 指宿海岸
- 青島海岸
- 高島の海岸
- 竜串海岸
- 伊予市森海岸
- 二色の浜
- 白良浜
- 五ヶ所湾
- 三河湾
- 松名瀬海岸
- 三保ノ松原
- 駿河湾
- 遠州灘
- 硫黄鳥島
- 那覇港
- サンゴ礁の海岸（沖縄県）
- 白保
- 沖ノ鳥島

北緯20°26′　東経136°5′

総説 1

地学的に見た日本の海岸
Geological Formation Process of Japanese Coast

The formation of coastal landforms is controlled by glacial and interglacial cycles of sea level changes at timescales of 1000 to 100,000 years. Twenty thousand years ago, during the Last Glacial period, sea level dropped to 120 to 140 m below the present level. Subsequently, with melting of the ice sheet, sea level rose at an average rate of 10 mm/yr to immerse the land around 6000 years ago. Since then alluvial lowland has been formed, which is a vulnerable area with low altitude and weak ground. It was also severely damaged by the tsunami of 2011. Marine terraces are formed along tectonically active coasts by land uplift. At present, sea level rise by as much as 18 to 59 cm by the end of this century induced (by the global warming) is threatening this coastal area.

　日本の海岸は，海食崖の続く岩石海岸と，広い砂浜を持つ砂浜海岸からなり，南の島々にはサンゴ礁やマングローブなど生物がつくる海岸が見られる．これら海岸地形は，現在という短い時間スケールでは，波や沿岸流など海の作用と，陸からの土砂の供給，サンゴなどの生物活動によって説明される．しかし海岸の成り立ちを理解するためには，数千年・数万年オーダーの海面変化と地殻変動の歴史を知らなければならない．

　過去数十万年間の間，地球の気候は，10度近く気温が低下した氷期と，その間にはさまれた温暖な間氷期とを繰り返していた．もっとも最近の氷期は2万年前で，このとき北米やヨーロッパに大きな氷床が発達したため海面が120～140 mも低下し，大陸棚の縁まで陸化した（■1）．この低下した海面に向かって深い谷が刻まれた．例えば東京湾は湾口まで完全に陸地となり，利根川や荒川，多摩川を集めた古東京川が谷を刻んでいた．

　1万6000年前に氷期が終わると，氷床の融解に伴って海面は急速に上昇した．上昇速度は100年に1 mで，予想されている今世紀の海面上昇速度より早い．この海面上昇によって，氷期に刻まれた谷に海が入り込んで，6000年ほど前には深い入り江をつくった．縄文海進である．東京湾では古東京川の谷に，古河や大宮まで入り江が入り込んだ．その後，河川からの土砂によって入り江が埋め立てられていって現在の海岸線まで前進したのである．海岸線には海の作用も働いて，砂州や浜堤列，砂丘がつくられる．

　縄文海進以降，川と海の作用で埋め立てられてできた低地が，沖積低地である．東京湾周辺では「下町」がこれにあたる．沖積低地は，標高が低い上に，入り江を埋め立てた泥や細かな砂でつくられているため地盤も軟弱である．さらに，現在の川と海の作用で形成されているので，洪水や高潮の被害を受けやすい，脆弱な土地である．人と都市に大きな被害をもたらした2011年3月11日の東日本大震災の大津波で被害を受けた範囲も，ほぼ沖積低地に一致している．沖積低地は，以前は湿地や水田として利用されていた．しかし，最近数十年の間に，この沖積低地に居住域や都市機能が拡大していったために，今回のような被害がもたらされてしまった．

　氷期-間氷期の海面変動は，全世界共通のものである．日本の海岸の特徴はこれに，震災をもた

らした活発な地殻変動が重なる．日本列島は，太平洋プレートやフィリピン海プレートが沈み込む上盤に位置する，地殻変動が活発な島弧である．隆起が活発な海岸では，過去繰り返された海面変化の痕跡は，古いものほど高い標高に残される．日本のほとんどの海岸には，現在の一つ前の12万年前の間氷期につくられた海成の平坦面が，標高数十 m に海成段丘（台地）をつくっている．東京湾岸では下総台地がそれにあたる．房総半島南端のような，地殻変動が活発で隆起速度の大きな地域では，縄文海進の時の海岸平野も隆起して海岸段丘をつくっている．

一方，現在の 100 年の時間スケールでは，地球温暖化による海面上昇が，海岸に大きな影響をもたらすことが予想される．気候変動に関する政府間パネル（IPCC）によれば，海水の熱膨張と氷河の融解によって，今世紀末までに 18～59 cm 海面が上昇することが予想されている（■2）．現在，すでに年 2～3 mm の上昇が観測されており，予想の上限をたどる可能性が高い．温暖化で台風が巨大化することも予想されている．今後 100 年間を見通して，沖積平野など海岸において台風や高潮，河川の氾濫の被害がより深刻になることに，そなえなければならない．

［茅根　創］

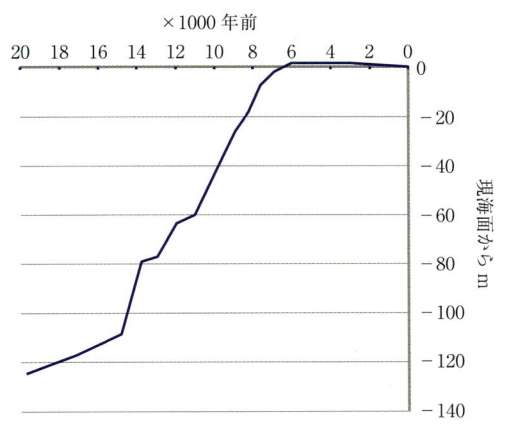

■1　過去 2 万年間の海面変化
Sea level change for the last 20,000 years.

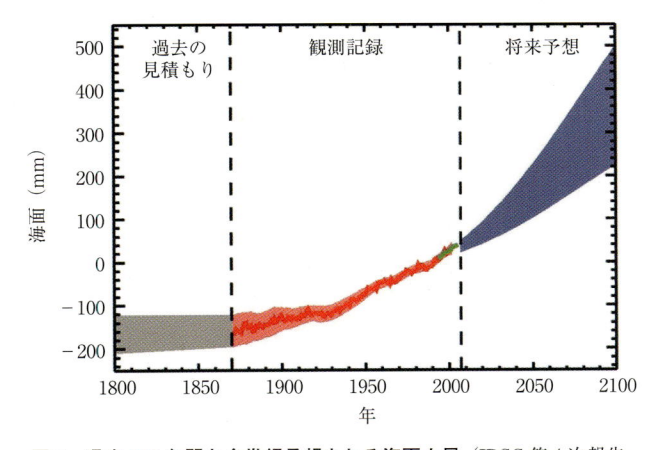

■2　過去 200 年間と今世紀予想される海面上昇（IPCC 第 4 次報告，2007）：1980～1999 年の平均海面を 0 とする．将来予想は，地球温暖化予想の中央的なシナリオ（SRESA1B）によるもの．
Observed and projected rise in sea level from 1800 to 2100 AD.

総説 2

砂浜海岸の社会的変遷
Industrialization Process and Coastal Problems

In the last one hundred years, coastal erosion problems have occurred frequently and continuously throughout the Japanese islands. This erosion is closely related to the process of industrialization and modernization of society. Figure 1 shows the process of coastal erosion based on the Japanese experience during the period from 1960 to 2000. There are three major coastal processes. 1) The rapid economic growth acted as a trigger to accelerate the construction of infrastructure. For these construction projects, sand (for making concrete) was taken from the rivers or coasts, resulting in a shortage of sand in the coastal area. 2) The higher density of land use in coastal areas requires flood control infrastructure, including the construction of dams. Sand supply to the coast from rivers decreases due to this flood control. 3) Constructions of commercial or fishery ports result in the stop of long-shore sand transport and bring about local coastal erosion. We can observe the same process in Thailand after 1990 and in Vietnam after 2000.

　日本の砂浜海岸では，江戸時代以前には，河川から洪水のたびに海岸に供給される大量の土砂や，高波時に海食崖が侵食されて生じる土砂によって砂浜が形成されてきた．一方で冬季や台風時に砂が高波の作用によって沖側に輸送されて砂浜が減少したり，沿岸漂砂によって海岸に沿って砂が移動したりしている．これらの作用による土砂の堆積と侵食のバランスによって，我が国に独特の砂浜景観が形成されてきた．湘南海岸，新潟海岸などでもかつては海岸の砂丘が有名であった．

　ところが，最近の100年程の間に，日本の近代化と産業化のプロセスの中で，砂浜海岸は急激な侵食に晒されている．我が国の海岸侵食は，明治期から1978（昭和53）年までは，年間約72 ha，それ以降は年間160 haの割合で進行してきたと言われている．■1は，日本の1950年代後半以降の急速な海岸侵食の経験と，近年のアジア諸国の経験を用いて作成したものであり，経済発展下での海岸問題の発現過程をモデル化したものである．急激な経済発展を引き金として海岸侵食を引き起こす一連の過程が始まる．まずダム建設などの治水施策の進展が，河川の出水により大量の土砂が海岸へ供給される機会を減らし，海岸への土砂供給を減少させる．また，港湾，漁港などの建設や埋立地の造成が海岸に沿って砂が運ばれる沿岸漂砂を遮断し，場所的な不均衡から局所的な海岸侵食が発生する．

　治山治水の進展や港湾建設以外のもう一つの海岸侵食の原因は，川砂の大量採取である．高度成長期に行われた新幹線や高速道路などの大規模建設工事では，1965年頃までに大量の川砂がコンクリート用骨材として使用された．この川砂の大量採取による河口域の漂砂の減少が海岸侵食を引き起こしていた．海岸侵食の進展に伴い，川砂の採取は中止された．その後，川砂に替えて海砂の採取が盛んになり，海砂の採取による海底地形の変化が深刻化した．かつては全国の海砂採取量のおよそ50％を供給していた瀬戸内海でも，すでに各府県による採取禁止などの措置がとられている．

　一方，多くの海岸線では海岸侵食に対処するために離岸堤が建設され，海岸線の静的な平衡状

態（砂が移動しない状態で砂浜が安定する）がつくられた．日本では，離岸堤を多数建設したこの35年ほどの間に，川砂の採取禁止により河口への土砂供給は回復したが，静的平衡によって異なる機構の海岸侵食が生起し始めた．離岸堤の働きで砂の移動が停止し，河口から沿岸漂砂の下手側へ砂が供給されないため，下手側に向けて海岸侵食が徐々に進行している．現在は，サンドバイパス工法，礫養浜工法などが採用され，海岸線の動的な平衡状態（砂は移動しているが，堆積と侵食がうまくバランスして砂浜が安定する）を目指して，海岸の維持管理方法が変化しつつある．

このように海岸侵食問題は産業化の進展や社会基盤整備の歴史と密接な関係を持っていることがわかっている．信濃川の大河津分水路の建設に伴う新潟海岸の侵食，安倍川の供給土砂量減少による静岡海岸の侵食などの例がよく知られている．一方で東京湾岸では埋め立て用土砂を採取した結果形成された沿岸部海底の窪地による赤潮，青潮の発生など，内湾の水質問題も産業化の過程と結びついている．■1に示した海岸侵食のプロセスは実際に1990年代以降にタイで，2000年以降にベトナムでも進行中であり，急激な経済成長に伴う海岸侵食問題として，特に歴史的に河川からの土砂供給量が多かったアジア地域では共通の過程となっている．

地球温暖化と海面上昇，海岸侵食の連関については今後重要な問題となると思われる．温暖化についての証拠は数多くあり，その進行についてはいくつかのシナリオが設定されている．海面上昇については因果関係を含めてすべてが明らかになったわけではないが，上昇の傾向にあることは確実である．しかし，量的に何m/年かということについては，温暖化についてもいくつかのシナリオがあるため，確かな数字を挙げることは今のところできず，今後の研究課題として残されている．

地球温暖化による水位の上昇に伴い，地下水への塩水の混入，洪水時の内水排除の困難化などの問題が発生しうる．また，豊かな生態系を形成している干潟や浅海域などの水深が増加し，生態系が消失することも問題となる．海岸侵食への影響については，実際の砂浜の現象にはいろいろの原因が複合的に絡むため，予測は必ずしも容易ではないが，一方ですでにツバルなどの太平洋の島々では進行しつつある海面上昇が深刻な影響を与えることが危惧されている．

［柴山知也］

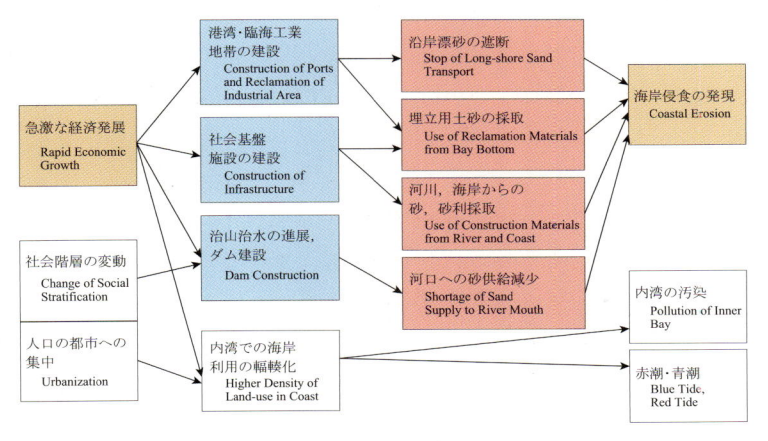

■1 日本とアジア地域での海岸問題の発現過程（柴山ら，1996）
Industrialization process and coastal problems–Japan and Asia Model (Shibayama et.al, 1996)

用語解説

→の後の数字は関連する本文中の海岸番号
† 海岸概要（自然海岸）の図，‡ 海岸概要（人工海岸）の図も参照

地　学

■ **海食崖**（sea cliff）　かいしょくがい†,‡

海に面した山が，波によって侵食されてできた崖．[→39, 42]

■ **海食洞**（sea cave）　かいしょくどう†

海食崖の基部にできる，波の浸食によってできた洞窟．[→39]

■ **海成段丘**（marine terrace）　かいせいだんきゅう＝海岸段丘†

過去の海面に対応してできた，砂浜海岸・岩石海岸の平坦面が，地殻変動や海面変化によって離水して，階段状に分布する地形．[→4]

■ **海面変化**（sea level change）　かいめんへんか

過去数十万年の間，海面は，氷期には大陸の氷床に地球上の水がとりこまれたため現在より120-140 m低下し，氷期と氷期の間の温暖な間氷期には現在と同じ高度まで上昇する変化を繰り返した．最も最近の氷期は2万年前で，1万6千年前に氷期が終わると急激に海面が上昇し，6千年前には現在よりやや高い高度まで達し，縄文海進と呼ばれ，海が陸地に深く入りこんだ．

■ **カルスト地形**（karst landform）　かるすとちけい

石灰岩が雨水や地下水などによって溶食されることによって作られる地形．円形の凹地（ドリーネ）や，雨水が地下を溶食してつくる鍾乳洞など，特徴的な地形がみられる．[→39]

■ **砂丘**（sand dune）　さきゅう

風によって運ばれた砂が堆積して作られる堤状の地形．砂浜海岸では，砂浜から陸側に運ばれた砂が砂州（浜堤）の上に堆積してつくられた砂丘がしばしば見られる．[→30]

■ **砂嘴**（spit）　さし†

海岸や岬の先端から細長く突き出て伸びる州．沿岸流によって運ばれた砂礫が堆積してできる．[→21, 28]

■ **砂州**（bar, barrier）　さす

波と沿岸流によって砂や礫が運搬・堆積して作る細長い地形．湾や入り江を閉ざすように作られるものを湾口砂州と呼び，その陸側で外海からしきられて浅い湖沼となったものを潟湖（ラグーン，lagoon）と呼ぶ．海岸や岬の先端から細長く突き出て伸びる砂州を砂嘴（spit），海岸と島をつなぐ州を陸繋砂州（トンボロ，tombolo），陸繋砂州によって陸地とつながった島を陸繋島と呼ぶ．海面低下や地殻変動による隆起によって，海岸平野の一部となっている場合，浜堤（beach ridge）と呼ぶ．海面下に作られるものは沿岸州と呼ぶ．

■ **三角州**（delta）　さんかくす＝デルタ†

川が運んできた砂や泥が，河口に堆積して海面付近につくる平坦な地形．枝分かれした河川と海に囲まれて三角形またはデルタ（Δ）形をする．

■ **サンゴ礁**（coral reef）　さんごしょう†

サンゴなどの石灰質骨格が積み重なって，海面近くまで達してつくる平坦な地形．高い生物生産と海ではもっとも高い生物多様性を維持している．[→44]

■ **潟湖**（lagoon）　せきこ・かたこ＝ラグーン†

湾の一部が砂州によって外海からしきられて，浅い湖沼になったもの．陸からは川が流

海岸概要（自然海岸）

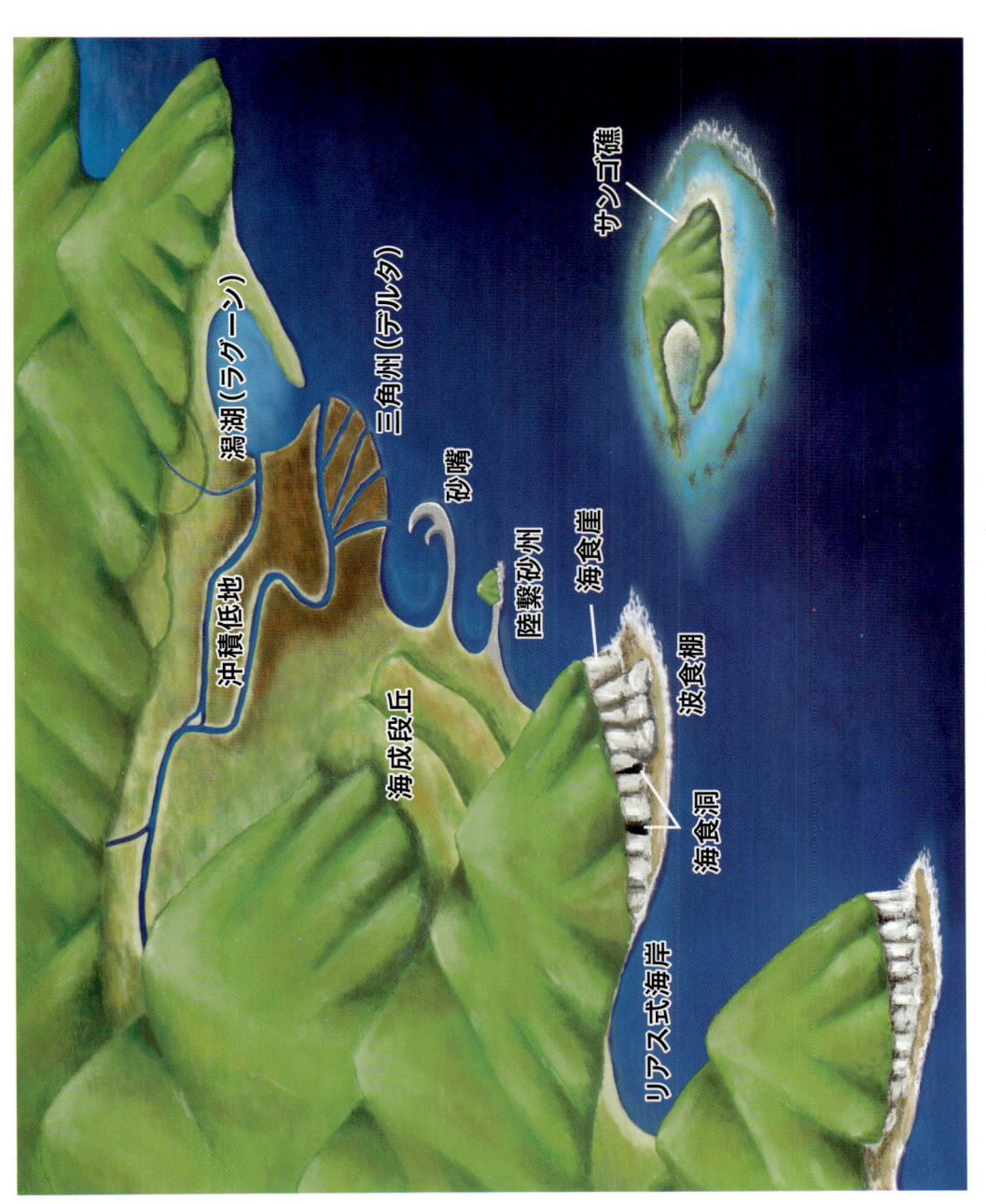

- サンゴ礁
- 潟湖（ラグーン）
- 三角州（デルタ）
- 砂嘴
- 陸繋砂州
- 海食崖
- 波食棚
- 海食洞
- 沖積低地
- 海成段丘
- リアス式海岸

用語解説 7

入し，外海とは水路などを通じてつながっていることが多い．［→7］

■ **多島海**（archipelago） たとうかい

多くの島が点在する海のこと．起伏のある山地が，後氷期の海面上昇によって沈水し，十分な浸食・堆積作用が働かない内海・内湾で，山地の地形がそのまま島となって作られる．［→8, 29, 31］

■ **沖積低地**（alluvial lowland） ちゅうせきていち＝沖積平野[†]

もっとも最新の地質時代，氷期が終わって海面が上昇して現在にいたる過去1万年間に，河川や海の堆積作用で作られた低地．現在も，河川や海の堆積・浸食作用が働いている低地で，洪水や高潮，津波などの災害をしばしば受ける．

■ **波食棚**（bench） はしょくだな[†]

岩石海岸において，潮間帯に風化と波の浸食によってつくられた平坦な浸食面．岩だな．波食棚の海側の水深数mから10mほどには，波の浸食によってできた面が広がり，これは海食台（abrasion platform）と呼ぶ．［→4, 5, 32, 40］

■ **陸繋砂州**（tombolo） りくけいさす＝トンボロ[†]

海岸と島をつなぐ州．沖からの波が島陰で両側から打ち消し合って弱まり，ここに沿岸流や波で運ばれた砂礫が堆積して，海岸と島をつなぐ州ができる．［→41］

■ **粒径**（grain size） りゅうけい

海岸をつくる堆積物は，その大きさ（粒径）によって，1/256 mm以下の粘土，1/256-1/16 mmのシルト（粘土と砂をあわせて泥と呼ぶ），1/16-2 mmの砂，2 mm以上の礫に分けられる．

［茅根　創］

海岸工学

■ **沿岸漂砂**（longshore sand transport） えんがんひょうさ

漂砂は主に波によって起きる岸沖方向の漂砂（岸沖漂砂）と主に流れによって起きる沿岸方向の漂砂（沿岸漂砂）に分類することができる．［→9, 総説2］

■ **越波**（wave overtopping） えっぱ

防波堤や海岸護岸を越えて，波が堤内地に入り込む現象［→7］

■ **沿岸砂州**（バー）（longshore bar） えんがんさす

汀線に平行方向に，砂によって形成される砂州．砕波帯の内外に形成される．［→18, 30］

■ **沿岸流**（longshore current） えんがんりゅう

波が海岸に対して斜めに入射すると，沿岸方向運動量の流れが場所的に変化し，沿岸方向に流れが発生する．

■ **緩傾斜護岸**（seawall with gentle slope） かんけいしゃごがん[‡]

人々の親水性を高めるために，海側の傾斜を1/3よりも緩くした海岸の護岸．［→2］

■ **干拓**（reclamation） かんたく

浅海域を埋め立てて農業用地などを造成すること．江戸時代から日本全国で行われてきた．第二次世界大戦後の食糧増産のために行われた秋田県八郎潟の干拓事業がある．［→37, 38］

■ **サンドバイパス**（sand bypass）

沿岸漂砂が構造物によって止められている場合に，人工的に砂を移動させ，沿岸漂砂の連続性を確保する．［→19, 21, 28］

■ **湿地**（wetland） しっち

地表が水に覆われていることの多い浅水域．淡水性のものは尾瀬沼などがあるが，沿岸では干潟が主な湿地となる．主に海水の

海岸概要（人工海岸）

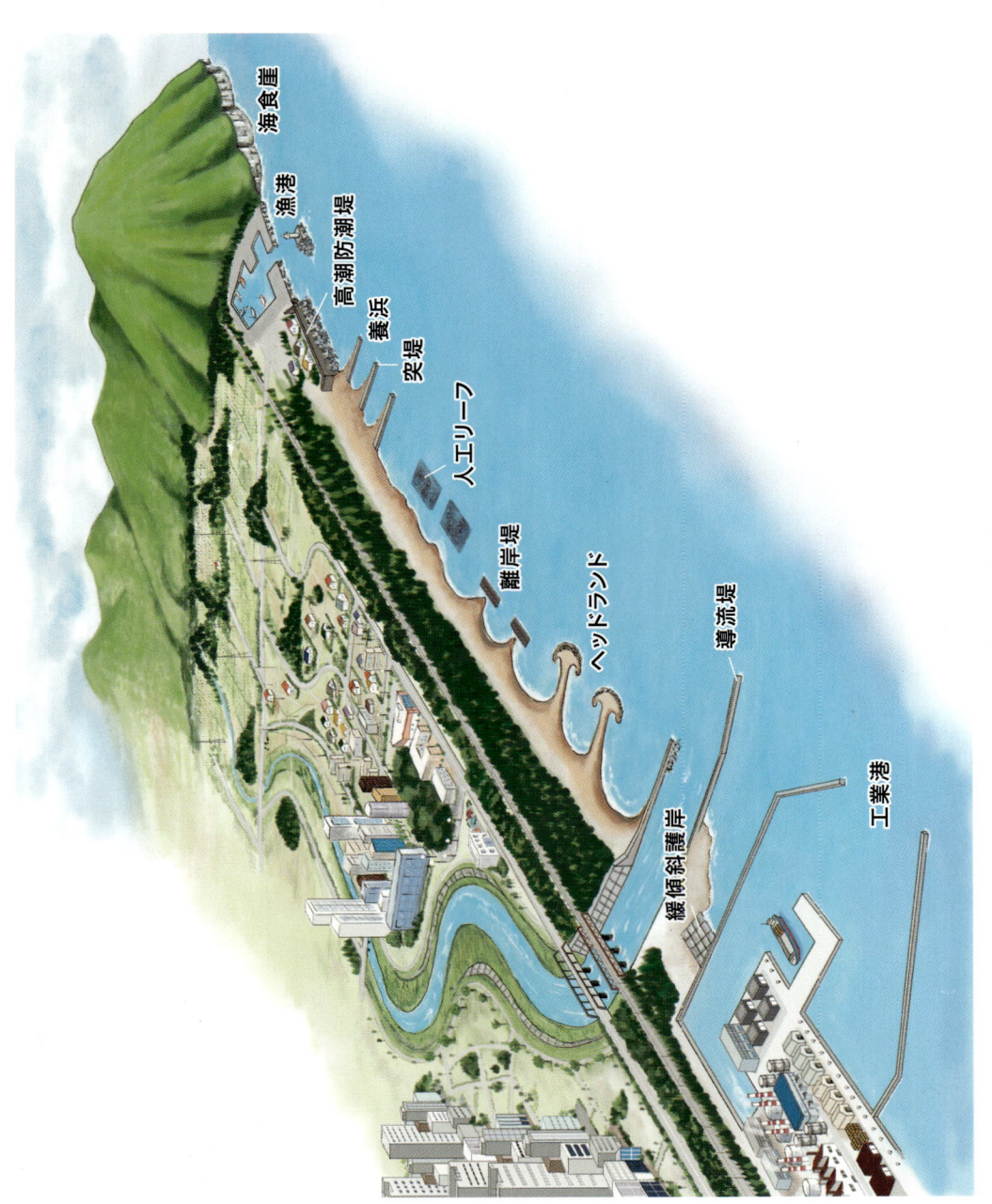

- 海食崖
- 漁港
- 高潮防潮堤
- 養浜
- 突堤
- 人工リーフ
- 離岸堤
- ヘッドランド
- 導流堤
- 緩傾斜護岸
- 工業港

用語解説　9

影響下にある場合と陸からの淡水により海水と淡水が混ざる汽水域となる場合がある．[→25]

■ **人工リーフ**（artificial reef）　じんこうりーふ

沿岸域に人工的に浅瀬を造り，押し寄せる波が砕けることによってエネルギーを減殺することを目的とした防災施設．[→2]

■ **潜堤**（submerged breakwater）　せんてい

堤防の天端（一番上の部分）が海面下にある離岸堤．陸上からは見えないため，景観上の必要から使用が検討される．近年では天端上での砕波による波エネルギーの減衰を起こさせるために天端幅の広い潜堤（人工リーフ）を作ることが多い．[→27]

■ **高潮**（storm surge）　たかしお

台風によって潮位が高まる現象．水位の上昇は気圧の低下による上昇分と，風による吹き寄せで上昇する分の和となる．1959年の伊勢湾台風では高潮が発生し5千人あまりの犠牲者がでた．[→33]

■ **ダムと海岸侵食**（dam construction and beach erosion）　だむとかいがんしんしょく

ダムは洪水調節，水資源の利用などの機能を持っている．河川流量が減ることとダム湖内に土砂が堆積するため，海岸への土砂の供給が減少して海岸侵食の原因の一つとなっている．[→22]

■ **津波**（tsunami）　つなみ

海底で地震が発生すると，地盤が上下方向に変位するため，大きな水の波が発生して周囲に伝わっていくことになる．日本列島の周辺には太平洋プレート，フィリピン海プレート，北米プレートなどいくつもの海底プレートの境界があり，大きな海底地震が発生するため，歴史的にも何度も津波に襲われてきた．[→6, 7, 8, コラム1]

■ **T型突堤**（T-shaped jetty）　てぃーがたとってい

沿岸に平行方向の離岸堤と直角方向の突堤をT字のように組み合わせて，漂砂の移動を阻止しようとする構造物．[→26]

■ **導流堤**（training jetty）　どうりゅうてい

河口域での土砂の堆積による河口閉塞を防ぐために，川の流れを集中させるように設けられた河口の流れを制御する構造物．

■ **干潟**（tidal flat）　ひがた

潮の干満によって海底が海水から露出したり，海水に覆われたりする領域のこと．砂泥で形成され，陸上とも海中とも異なる独特の生態系を育んでいる．[→12, 23, 25, 36, 37]

■ **漂砂**（littoral drift）　ひょうさ

海岸付近で，波や流れによって砂が運ばれる現象．

■ **ヘッドランド工法**（headland control）　へっどらんどこうほう

人工的に岬を海岸に造成することにより，付近の波の変形を制御し，砂浜を安定させようとする工法．[→17, 21]

■ **ポケットビーチ**（pocket beach）

岬と岬の間に挟まれた小さな領域に砂が堆積し，砂浜が安定的に形成されている場合があり，このような砂浜をポケットビーチと呼ぶ．[→15, 26]

■ **養浜**（sand nourishment）　ようひん

砂浜海岸が侵食された場合，砂や礫を外部から供給することによって砂浜を回復させる方法．[→15, 17]

■ **離岸堤**（detached breakwater）　りがんてい

海岸侵食に対応するため，岸から100m程度の沖合に岸と平行に造る防波堤．陸との間にトンボロ（陸繋砂州）が発達する場合がある．[→19]

[柴山知也]

水産学生物学

■ **青潮**(blue tide)　あおしお

東京湾，三河湾などにおいて夏に底層に形成された貧酸素水塊が強風などによっておこる対流により上昇した時に見られる現象．貧酸素水塊に含まれる硫黄やその酸化物の微粒子により乳青色や乳白色に見える．青潮が干潟を覆うとアサリやハゼなどが酸欠で大量斃死することがある．

■ **赤潮**(red tide)　あかしお

プランクトンが海水を着色させるほど高濃度に増殖する現象．養殖魚介類を斃死させ，甚大な被害をもたらすことがある．

■ **栄養塩**(nutrient)　えいようえん

植物プランクトンが必要とする成分のうち通常は海洋中での濃度が低いため，その多寡がプランクトンの成育状況を左右するもの．具体的には，窒素，リン，ケイ素および微量金属類．

■ **沿岸漁業**(coastal fishery)　えんがんぎょぎょう

陸から比較的近い，日帰りできる程度の沿岸部で行われる小規模な漁業．漁船を使わない漁業および無動力漁船ないし10トン未満の動力船を使う漁業，定置網漁業，地びき網漁業，および海面養殖業が含まれる．

■ **サンゴ**(coral)

サンゴはクラゲなどと同じ刺胞動物に分類される．サンゴの仲間のうち石灰質の骨格を持ちさんご礁を形成する種類は造礁サンゴと呼ばれ，イシサンゴ目に属するものが多く1,000種類以上が知られている．造礁サンゴは褐虫藻という微小藻類を体内に共生させ，褐虫藻から光合成産物をもらっているため成長が早く，熱帯および亜熱帯の浅い海で繁栄している．[→35, 44, コラム2]

■ **種苗**(seed)　しゅびょう

水産業では養殖に用いる稚魚，稚エビ，稚貝などを指す言葉．人の手で卵から育てる場合（タイ，ヒラメなど）と天然のものを捕獲して使う場合（ウナギなど）の二通りある．農業における種や苗になぞらえた用語．[→24]

■ **水質浄化機能**(function of water quality improvement)　すいしつじょうかきのう

干潟には陸域から運ばれた栄養塩を貯留する機能がある．また干潟に生息する生物，微生物は有機物や窒素，リンを取り込んだり分解したりすることで海域の浄化に寄与する．

■ **養殖**(aquaculture)　ようしょく

海や池などの水面の一定区域を専有して，その中で魚やエビ，カニ，貝や海藻などを管理して飼育し，商品となる大きさまで育ててから販売する経済活動．餌を与える場合（多くの魚類やエビ類など）と与えない場合（カキや海藻など）がある．[→8, 24, 33]

[奥澤公一]

1 北海道北部の海岸
Northern Coast of Hokkaido

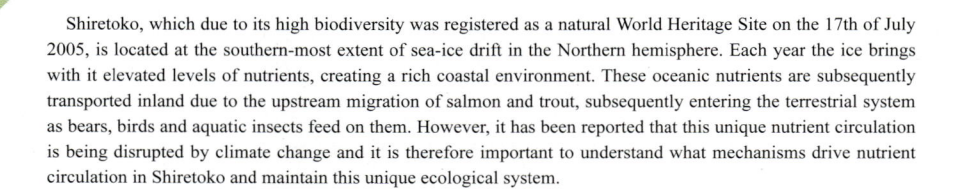

Shiretoko, which due to its high biodiversity was registered as a natural World Heritage Site on the 17th of July 2005, is located at the southern-most extent of sea-ice drift in the Northern hemisphere. Each year the ice brings with it elevated levels of nutrients, creating a rich coastal environment. These oceanic nutrients are subsequently transported inland due to the upstream migration of salmon and trout, subsequently entering the terrestrial system as bears, birds and aquatic insects feed on them. However, it has been reported that this unique nutrient circulation is being disrupted by climate change and it is therefore important to understand what mechanisms drive nutrient circulation in Shiretoko and maintain this unique ecological system.

　北海道北部の海岸は，生物多様性に富んだ自然環境，豊かな水産資源を有しているが，冬季における寒さは厳しく，海岸線にはオホーツク海北部を発端とする流氷が漂着する．その流氷は，北海道北部に位置するオホーツク海を覆うため冬期間に漁ができない状態となるが，流氷がもたらす恵みの水により，サロマのホタテ，羅臼のサケ，ホッケなどに代表されるように，国内でも有数の漁獲高が保たれている．さらに流氷は，自然環境に関しても同様に豊かな栄養を運び，生物多様性の維持に重要な役割を果たしていると言われている．

　北海道北部の最も特徴的な海岸といえば，知床半島を挙げることができる．陸と海との相互関係を含めた生物多様性が認められ，知床半島は2005年7月17日に世界自然遺産登録された．1993年に同時登録された屋久島，白神山地に続く日本で3番目の世界自然遺産登録であり，海域を含む領域の登録は日本初であった．知床は，北半球で流氷が到達する世界最南端に位置し，その流氷が運ぶ栄養をサケやマスが河川を通じて陸域に運び，水生昆虫，クマなどが陸域へと移動させるという栄養塩循環を有する．そのような循環を，長手方向50 km，幅15 kmの狭い半島内で見つけることができるという点が，世界遺産登録の大きな要因であった．

　しかし知床周辺の海岸線は，海と陸との栄養塩の循環が存在するという点からは想像できないほど急斜面で構成されている（■1）．つまり，海域と陸域との間での栄養などの物質は，海陸の連続性が保たれている河川を遡上するサケやマス，および海の魚介類を陸域に運ぶ鳥などにより輸送されていると考えられている（■2）．

　近年，クローズアップされている問題として，地球規模の気候変動の影響によると思われる網走や知床を中心とした流氷の輸送量の減少が報告されている（■3，舘山，2010）．流氷は，アムール川などを中心とした河川水がオホーツク海の表面に広がって低塩分層を形成することで凍った氷であり，栄養塩濃度はオホーツク海にそそぎこむ河川とほぼ同じ値を有する．海の栄養塩濃度と比較すると，その値は非常に高く，流氷の減少は，知床の沿岸域における生物多様性を維持するための重要な機構の一部が損なわれる可能性を示唆するものと考えられる．つまり，将来において世界遺産登録が抹消されるかもしれないという懸念があることを意味する．そのため，流氷の減少による栄養塩供給の減少などを含めた影響評価に関する調査が各関係機関や大学を中心として進められており，海と陸との間での栄養塩の循環を維持・管理するための活動が活発に行われている．

[中山恵介]

■ 1 知床の海岸（フレペの滝）
Coast of Shiretoko Peninsula (Furepe waterfall)

■ 2 冬季に飛来するオオワシ
Stellars Sea Eagle

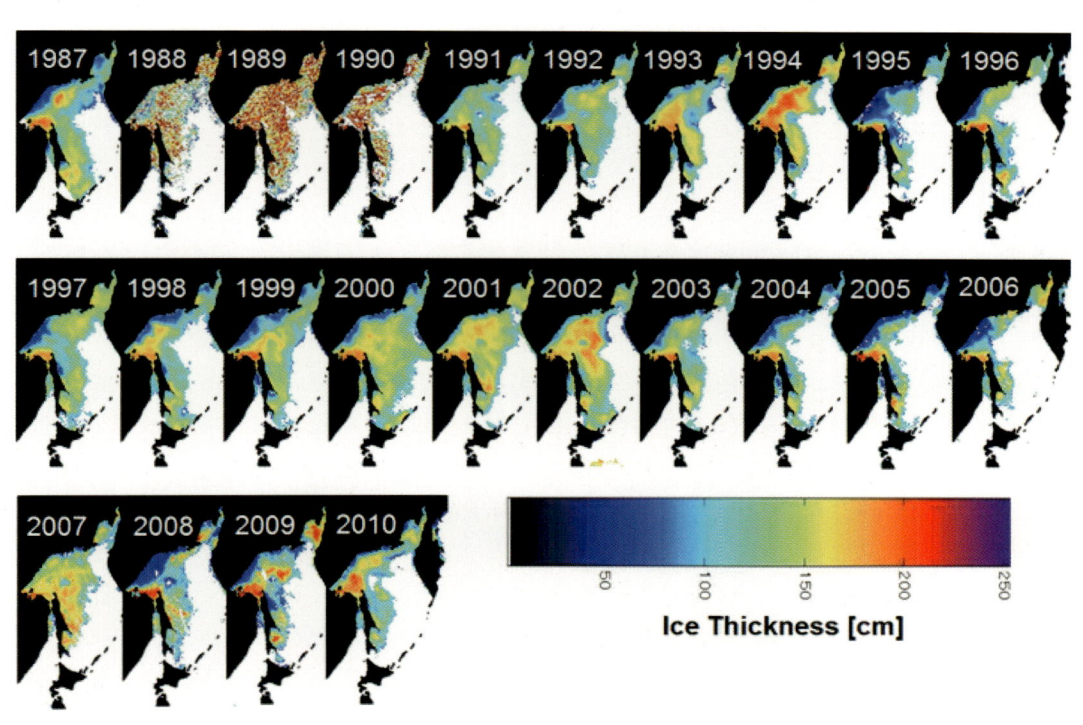

■ 3 1987年から2010年までのオホーツク海における流氷の最大氷厚変動（舘山，2010）
Maximum drift ice thickness in Okhotsk Sea from 1987 to 2010

北海道北部の海岸

2　日高・胆振海岸
Hidaka Coast and Iburi Coast

　　　　Hidaka Coast is a 130 km long shoreline than spans from Erimo cape to Mukawa River, at the southern west side of Hokkaido. Littoral sediment transportation was interrupted by the construction of the Atsuga fishing port on the west side of Shizunai River, and from that time the deposition of sediments has increased on the east side of the fishing port, with erosion occurring as a result on the west side. Iburi Coast, to the west side of Hidaka Coast, is a 100 km long shoreline that encompasses the area between Mukawa River and Muroran. Since the 1960s there has been remarkable levels of coastal erosion at Tomakomai and Shiraoi. Thus, coastal structures, such as artificial reefs and gently sloping revetments, have been constructed to protect residential areas against storm waves.

　日高海岸は，北海道南端のえりも岬から北西方向に鵡川まで続く延長130 kmの海岸である．日高山脈から続く山々が海の近くまで迫っているため，断崖下のわずかな土地が利用されてきた．これまで侵食対策を目的として多くの工事が行われており，自然のままの海岸が残されている部分が少ない．日高海岸には流域面積が大きな新冠川と静内川があり，その西側に建設された節婦漁港と厚賀漁港によって沿岸漂砂が遮断されている．これらの河川から排出された土砂は港の東側に堆積し，汀線の著しい前進と港内埋没を生ずるに至った．一方，港の西側は土砂の供給が絶たれて急激に侵食が進み，突堤や護岸による防御にもかかわらず，沿岸の道路は再三にわたって陸側への付け替えを余儀なくされてきた．

　日高海岸を知るには，苫小牧駅と様似駅の間の146 kmを結ぶJR日高本線が最も便利な交通手段である．列車が苫小牧駅を出発して数分後，右手に掘り込み港湾である苫小牧東港のフェリーターミナルや火力発電所が見えてくる．さらに鵡川，沙流川を渡った後は，海岸線と平行に列車は進む．この路線のハイライトは日高門別駅と新冠駅のほぼ中間に位置する大狩部駅である．■2に示すようにプラットホームのすぐ横には海岸線が迫っている．波の高い日には，護岸に打ちつけられた波しぶきが停車している列車にあたることがある．このため古くなった枕木を流用した越波防止柵が設置されており，太平洋の荒波から列車を守っている．

　胆振海岸は，鵡川から苫小牧，白老，登別，室蘭に至る延長100 kmの海岸である．背後地が広く海岸線付近の土地利用が少ないため，ほとんど全延長にわたり自然のままの単調な砂浜が連続している．苫小牧から登別まではほぼ直線の砂浜海岸で，小規模な海崖を形成している場所が多い．主な流入河川である社台川と白老川からの流出土砂量が少なく，胆振海岸では1960（昭和35）年頃から急速に海岸侵食が進行した．従来は100 m程度であった砂浜が大きく減少することにより，消波工の沈下や直立護岸の倒壊，さらに越波による住宅地の被害が相次ぎ，災害復旧費が通常事業費を上回るほど災害が多発した．

　このため1988（昭和63）年度からは，国の直轄事業として人工リーフと緩傾斜護岸の整備が進められている．ここではタンデム型人工リーフと呼ばれる二山型の構造が採用されており，背後への伝達波や周辺海域への反射波の軽減が確認されている．また人工リーフ背後の静穏域にはホッキ貝などの貝類の生育場が，人工リーフのマウンド部には良好な藻場が形成されている．陸側部分には■3に示すような緩傾斜護岸が整備され，海岸に近接した住宅地を高波から守るとともに，散策や釣りの場として市民に幅広く利用されている．

〔木村克俊〕

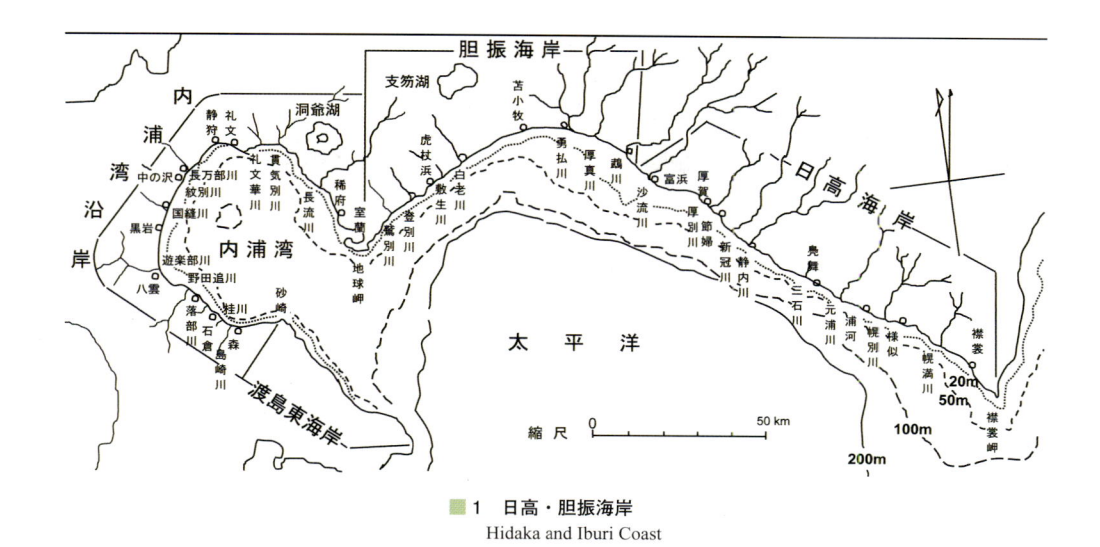

1 日高・胆振海岸
Hidaka and Iburi Coast

2 海に迫る JR 日高本線大狩部駅
Local train at Ohkaribe station of Hidaka Line

3 住宅地に近接して整備された緩傾斜護岸（苫小牧市糸井地区）（北海道開発局室蘭開発建設部提供）
Gentle slope revetment at Tomakomai Coast

15

3 オホーツク海岸
Okhotsk Coast

Drift ice arrives at the north east coast of Hokkaido (the area facing Okhotsk Sea), every winter, covering the whole coastal area. The ice floes often pile up vertically owing to mechanical interactions to form a so-called ice ridge (see ■ 1), which can often cause damage to cultural resources and facilities. Two types of structures, ice barriers for preventing the ice floes from running ashore (see ■ 3), and ice boom for blocking the flow of the floes into lagoons (see ■ 4), have been constructed along the coastline in order to preserve local fishery resources.

　シベリア沿岸で成長した海氷は季節風と東樺太海流により南方へ輸送され，毎年1月下旬から2月上旬にかけてオホーツク海沿岸に接岸し，その後知床から紋別そして稚内に至る海岸域を広く覆い尽くす．敷き詰められた氷板間相互の力で破壊された流氷は幾重にも折り重なって厚く成長し（氷脈と呼ばれる），時には沿岸部で10mを越えるほどにまで発達しながら陸域に至るまで押し上げられる（■1）．オホーツク海岸から望む無数の流氷で覆われた世界は自然の脈動を感じさせる北国独特の神秘的な光景であるが，かつて流氷の襲来が人間の生活に影響を与え，人間と流氷とのたたかいの歴史があった．

　紋別市の北西に位置し農業と水産業を基幹産業とする興部町は（■2），沿岸の岩礁域に生息するコンブ，ウニへの流氷の襲来に伴う被害に悩まされてきた．これは発達した氷脈が海岸を削り（アイスゴージングと呼ばれる），これら水産資源を根こそぎ消失させたためである．興部町沙留岬から眼下に浮かぶ防氷堤は，アイスゴージングを防ぐべく1981年から整備が進められた．これは海域の流れを乱すことなく冬期の流氷の来襲のみを制御する当時世界初の試みとなる鋼管杭からなる構造物であった（■3）．2月の厳冬期には，押し寄せられた流氷が防氷堤の前面に高く積み重なるパイルアップが連続する圧巻の光景を目の当たりにすることができる．

　日本最大の汽水湖であるサロマ湖は（■2），養殖ホタテガイおよびカキの国内有数の産地であり，これらを中心とした漁業，養殖業が隣接する湧別町，佐呂間町，北見市常呂の主要な産業である．しかしながら，湖口から流入し湖内を埋め尽くす流氷によって何度となく養殖施設ならびに資源の被害（1974年には約22億円の被害）を受け，サロマ湖の養殖業は流氷とのたたかいの歴史の側面を持っている．流氷の湖内への侵入を阻止するため，1994年に着工，2001年に完成したアイスブームは，直径1.2mの円筒状の浮体が連結された湖口を横断する全長1430mのロープ構造を持ち，流速の速い湖口中央区間にワイヤネットが取り付けられたものである．浮体上部への流氷の乗り越えおよび下部への潜り込みによる両者の侵入形態を阻止可能なこの構造形式は，当時世界で初めて海域に導入されたものであった．全14基の支柱で支持された半円状に広がるアイスブームが純白の流氷を受け止める様は，まさに大きなホタテガイを連想させるものであり（■4），サロマ湖内のホタテガイを護るために毎冬活躍している．

　オホーツク海岸の冬の風物詩である流氷の接岸は陸と海とが雪氷で一体化する極めて印象深い瞬間であり，我が国独特の美しい自然の風景をつくりだす一方，その流氷とのたたかいの中で我々が新たにつくり出した構造物もまた我が国独特の海岸風景を構成している．

［渡部靖憲・木岡信治］

■ 1 沿岸域で堆積し成長した氷脈
Ice floes piled up in Okhotsk Coast

■ 2 オホーツク海岸の位置関係
Locations of the structures on Okhotsk Coast

■ 3 興部町沙留の防氷堤群
Ice barriers constructed in Okoppe town

■ 4 サロマ湖第1湖口で流氷の侵入を阻止するアイスブーム
Ice boom blocking the ice floes to be transported into Saroma Lagoon

4 西津軽海岸 — 地震による隆起と地すべりによる解体の現場
Nishi-tsugaru Coast

Nishi-tsugaru Coast: a topographic fighting scene of landslide dissolution versus co-earthquake crustal uplift. This coast facing the Japan Sea is made of an about 70 km long erosional rocky shore, characterized by a flight of late Quaternary marine terraces and landslide topography around the Shirakami Mountain. Along the coast, an emerged abrasion platform can be continuously observed, which is thought to have been uplifted about 2 m by the crustal deformation of both the 1704 and 1793 historical nearshore earthquakes. The accumulation of co-sesimic uplift has generated a succession of marine terraces, hills and mountains, and the succeeding gravitational mass-wasting has dissolved the uplifted mountains, as demonstrated by the Juniko landslide.

　白神山地の西縁は日本海に面する岩石海岸であり，西津軽海岸と呼ばれている．岩木山の北麓，鰺ヶ沢から艫作半島を経て八森まで総延長約 70 km に及ぶ海岸は，海成段丘と地すべりという地形によって特徴づけられる．海成段丘は白神山地の北縁から西縁にかけて標高 200 m から現海面までの間に階段状に分布し，段丘面としては 6〜7 つのレベルが連続的に認められる．標高 200 m 前後にある海成段丘面（■1 のピンク色）はおよそ 21 万年前の浅海底が，標高 100 m 前後にある海成段丘面（■1 の黄緑色）はおよそ 13 万年前の浅海底が，地盤の隆起によって順次陸化したことを物語っている（宮内，1988）．さらに標高 10 m 以下に広がる低地（■1 の水色）も数千年前の浅海底が陸化した場所であり（八木・吉川，1988；宮内，1990），数十万年前から最近まで西津軽海岸は休むことなく隆起を続けてきたことがわかる．

　このような海岸の隆起を裏付ける証拠が北部の大戸瀬付近の千畳敷海岸に残されている．そこには，1793 年寛政西津軽地震時に隆起して干上がった昔の浅海底地形（離水した波食棚）が標高 2 m ほどに存在する（■2 の白い岩礁部，今村，1937；Nakata *et al*., 1976）．その離水波食棚の背後には数千年前の汀線地形が，さらに内陸には 8 万年前，13 万年前，21 万年前の汀線地形が順番に並び，古い時代の汀線地形ほど高位に位置していることがわかる．これらの事実は，1793 年の地震と同様のタイプの地震が繰り返し発生し，海岸部がその都度隆起し海岸から台地へ，そして山地へとその姿を変えてきたことを示している．また南部の須郷崎付近にも同様に隆起した波食棚が 2.5 m の標高に存在し，こちらは 1704 年に起きた岩館地震に伴う地殻隆起の現象と考えられている．

　このような地震隆起の累積によって西津軽海岸は高度を増し，丘陵・山地へと地形は移り変わり，崩れやすくなる．特に起伏が大きくなると大きな地すべりが起きて，山体が解体されていく．海成段丘面末端には数多くの大小様々な地すべりが発生してきたことが知られている（太田・伊倉，1998）．白神山地と西側の丘陵境界に起きた十二湖地すべりは白神山地の一部を解体する大規模な崩壊現象である（■3）．その引き金になったのは，前述した 1704 年岩館地震による強い震動であったらしい（今村，1935）．日本海の荒波が海岸部の波食地形をつくり，地震による変動がその侵食海岸を隆起させ，その累積が山体崩壊を引き起こす．このような環境が，西津軽海岸のおかれた宿命である．

　　　　　　　　　　　　　　　　　　　　　　　　　　　　　　　　　　　［宮内崇裕］

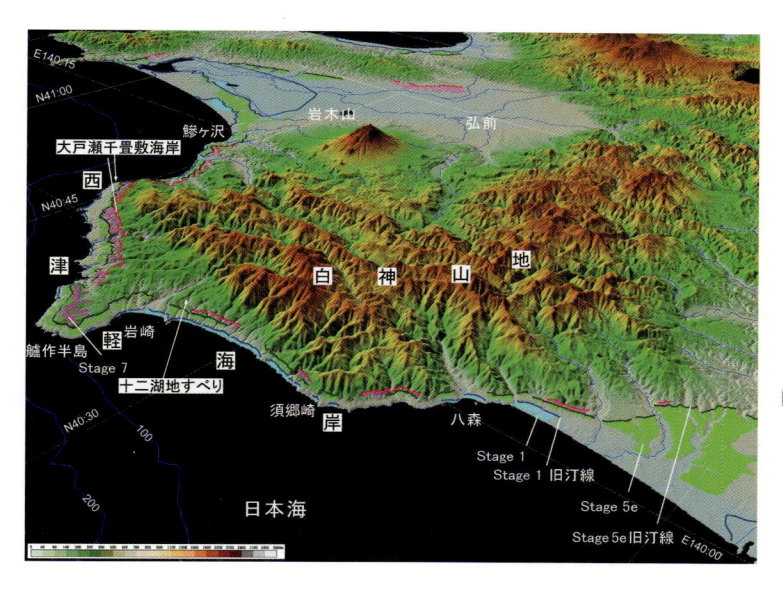

■1 西津軽海岸の鳥瞰図（国土地理院発行）：「数値地図50mメッシュ」の標高値を用いて作成した鳥瞰図（小池・町田，2001）に地名などを加筆．
Bird's-eye view of Nishi-tsugaru Coast

■2 大戸瀬・千畳敷海岸：1793年寛政西津軽地震の発生とともに隆起した波食棚（潮間帯の岩礁）．(1988.9, 八木浩司撮影)
Emerged Senjojiki Coast near Odose due to the 1793 Kansei Nishitsugaru earthquake

■3 十二湖地すべり：白神山地の縁から山体が滑り落ちた様子がわかる（白矢印のところ）．その手前には標高100mほどの平坦な海成段丘，さらに手前には侵食を受ける現在の波食棚が見える．(2011.11, 宮内崇裕撮影)
Juniko landslide: A large mountain collapse possibly generated by the 1704 Iwadate earthquake

西津軽海岸

5 秋田県の海岸
Coast in Akita Prefecture

The rocky coastline of Oga Peninsula is famous for its traditional Namahage event and geoparks, dividing the coast of Akita into roughly two parts. The northern part consists of a long sandy coast with a rocky part at its northern end. The southern part also consists of a long sandy coast with a rocky area at its southern end. Yoneshiro, Omono and Koyoshi Rivers flow into these sandy coasts, influencing their changes. This chapter will present the state and history of these coastlines and their distinctive features.

秋田県の海岸（■1）は男鹿半島を境に北部海岸と南部海岸の二つに大別される．その男鹿半島は，約1万年前に最後の氷期が終わった後，海面が上昇して離島となった．その後，北部海岸に注ぐ米代川と南部海岸に注ぐ雄物川からの豊富な土砂供給により，北と南から離島に向かって砂嘴が成長し，約2000年前に日本一の潟湖八郎潟が形成され，再び半島となった．現在，潟湖の大部分は干拓され，農地として活用されている．秋田県の海岸線の総延長は264 km で，保全を要する海岸線の延長は178 km，すでに何らかの保全施設を有する海岸線の延長は124 km である．この海岸には大小5つの港湾と22の漁港が存在する．

北部海岸の青森県境には1993年に世界自然遺産に登録された白神山地がある．白神山地には世界最大級のブナの原生林が分布し，貴重な動植物が多数生息する．青森県境から白神山地を源とする泊川の河口までは岩石海岸である．

青森県境の岩館海岸には重さ80 t の世界最大級の消波ブロックが設置されており，冬季におけるこの海域の波の荒さを連想させる．泊川河口には津波を想定したユニークな形式の河川水門がある（■2）．両端の径間のみに門扉が設けられた水門である．

泊川河口から男鹿半島の北側付け根の男鹿市北浦までは平滑な砂浜海岸である．1983年日本海中部地震津波の後，人命を守るため，泊川河口から南の4 km 区間にわたって防潮護岸の天端が大幅に嵩上げされた．これは日本海中部地震津波をレベル1の津波と考えたことになる．この海岸のほぼ中央に位置する能代市を貫流して米代川が注いでいる．米代川を挟んで，飛砂の防止を主目的に江戸時代初期から植林されてきた黒松林がある．この松林は「風の松原」と呼ばれ，面積は日本最大規模で，日本五大松原の一つに数えられており，日本海中部地震津波の際には氾濫津波の減勢に貢献した．

男鹿半島北側の北浦から南側付け根の男鹿市脇本までは岩石海岸である．北浦漁港は県魚ハタハタ漁の中心的な漁港である．男鹿半島の西岸北部にある戸賀湾は爆裂火口湾で，日本唯一のものである．男鹿半島南岸にある鵜ノ崎海岸には約1000万年前の泥岩からなる波食棚が広がっている（■3）．鵜ノ崎海岸から脇本の間には1995年に完成した国家石油備蓄基地がある．男鹿半島地域は，東に位置する八郎潟を含めて，大地のドラマに富んでおり，2011年に日本ジオパークに指定されている．

男鹿半島南側の脇本からにかほ市平沢までは弓状から平滑へと変化する砂浜海岸で，雄物川と子吉川がそれぞれ秋田市と由利本荘市を貫流して注いでいる．雄物川下流部の秋田市では洪水災害が頻発していたため，雄物川放水路（■4）が計画され，22年の歳月をかけて1938年に竣工した．

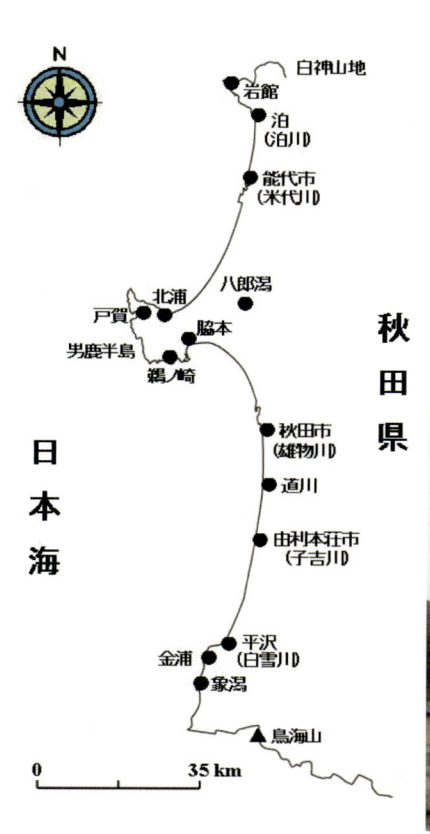

■ 1　秋田県の海岸
Coast in Akita prefecture

■ 2　泊川河口にある5径間の河川水門：津波を想定してつくられたもので，両端の径間のみに昇降式のゲートが取り付けられている．(1988.3.23撮影)
River water gate with 5 spans constructed in 1988 as a tsunami countermeasure at Tomari River mouth. Rise and fall type gates are attached only to both end spans.

■ 3　男鹿半島鵜ノ崎海岸の波食棚（2012.2.5撮影）
Abrasion platform at Unosaki Coast in Oga Peninsula

放水路の北側に位置する雄物川の旧河口部は，東日本大震災の時に救援・復旧・復興を支える物流の拠点として重要な役割を果たした秋田港として利用されている．

　由利本荘市道川(みちかわ)海岸には日本海で初めての島式の道川漁港がある（■5）．道川海岸は日本のロケット発祥地でもある．子吉川河口には河口閉塞の防止を主目的として，右岸（北）側に導流堤，左岸（南）側に防砂堤が設けられており，現在までのところこれらはよく機能している（松冨，2010）．地球温暖化の影響か，雄物川以南の砂浜海岸で汀線位置の変動が激しくなってきていることが指摘されている（松冨・稲葉，2012）．

　平沢から山形県境まではにかほ市で，岩石海岸である．芹田(せりだ)地区と飛(とび)地区に海岸を高波から守り，農地を塩害から守るために高さ1.2～2.7m程度の自然石からなる波除石垣が残っている．この石垣は江戸時代につくられたもので，近世における類例の少ない貴重な土木遺産として，県および国指定史跡に指定されている．

　山形県境には独立峰で活火山の鳥海山(ちょうかい)がある．鳥海山は東北地方2番目の高峰で，紀元前466年に山体が崩壊し，崩壊物が海に押し出して，多数の小島からなる浅瀬が形成された．その後，この浅瀬は波による漂砂や侵食により「象潟九十九島・八十八潟」と呼ばれる潟湖となった．当時の象潟は宮城県の松島と並び賞されるくらいの風光明媚な地で，この地を目指して1689年に松尾芭蕉が訪れている．1802年には伊能忠敬が第3次測量調査で訪れており，その成果図（伊能大図）には1800年12月に始まり，1801年7月に最も激しい水蒸気爆発を起こし，1804年まで噴煙が続いた鳥海山が描き込まれている．しかし，1804年の象潟地震で潟湖は一夜にして陸地化し，現在に至っている（■6）．

　象潟は鳥海山からの冷たい伏流水に育まれた天然岩牡蠣の産地でもある．鳥海山を源とする白雪川の流域には冷たい水を農業用水として利用しなくてはならないため，流下するにつれて水温が上昇するように工夫した「温水路」という先人の知恵に基づいた水路群もある．

　秋田県の砂浜海岸は基本的に侵食傾向にあり，保全対策により何とか海岸線位置を維持しているというのが実状である．しかしながら，対馬暖流が沖を通っていることもあり，海水浴場が多数存在している．北部の砂浜海岸の海底勾配は全域で非常に緩く，陸棚も広い．南部の砂浜海岸の海底勾配も道川以北では緩く，陸棚も広い．万一津波が発生した場合，これらの要素は津波を分裂させ，その波高を増大させるため，津波災害という点では負の面となる．1983年日本海中部地震津波はまさにそのような津波で，15m程度の最大遡上高は平滑な砂丘海岸で発見された．一方，高波が発生した場合，これらの要素は高波を何度も砕波させ，その波高を減少させるため，高波災害という点では正の面となる．

［松冨英夫］

郵便はがき

恐縮ですが
切手を貼付
して下さい

```
┌─┬─┬─┬─┬─┬─┬─┐
│1│6│2│-│8│7│0│7│
└─┴─┴─┴─┴─┴─┴─┘
```

東京都新宿区新小川町6-29

株式会社 **朝倉書店**

愛読者カード係 行

●本書をご購入ありがとうございます。今後の出版企画・編集案内などに活用させていただきますので, 本書のご感想また小社出版物へのご意見などご記入下さい。

フリガナ お名前		男・女	年齢 歳

	〒	電話
ご自宅		

E-mai アドレス

ご勤務先 学 校 名	(所属部署・学部)

同上所在地

ご所属の学会・協会名

ご購読　・朝日　・毎日　・読売 新聞　・日経　・その他(　　　)	ご購読 雑誌 (　　　　　)

書名(ご記入下さい)

本書を何によりお知りになりましたか

1. 広告をみて(新聞・雑誌名　　　　　　　　　　　　　　　)
2. 弊社のご案内
   (●図書目録●内容見本●宣伝はがき●E-mail●インターネット●他)
3. 書評・紹介記事(　　　　　　　　　　　　　　　　　　　)
4. 知人の紹介
5. 書店でみて

お買い求めの書店名(　　　　　　市・区　　　　　　　　書店)
　　　　　　　　　　　　　　　　町・村

本書についてのご意見

今後希望される企画・出版テーマについて

図書目録,案内等の送付を希望されますか?　　　　　・要　・不要
　　　　　・図書目録を希望する
ご送付先　・ご自宅　・勤務先
E-mailでの新刊ご案内を希望されますか?
　　　　・希望する　・希望しない　・登録済み

ご協力ありがとうございます。ご記入いただきました個人情報については、目的以外の利用ならびに第三者への提供はいたしません。

■4 雄物川放水路（2008.7.17 撮影）
Omono River floodway

■5 日本海で初めての島式の道川漁港（2011.10.09 撮影）
The first island type fishing port (Michikawa port) on a sandy coast in Japan Sea

■6 1804年の象潟地震で陸地化した「象潟九十九島・八十八潟」：遠くに鳥海山が見える．（2010.10.28 撮影）
Scene of Kisakata Kuzyukushima-hachizyuhachigata that is made to be a terrase by the 1804 Kisakata Earthquake. Mt. Chokai is seen in the distance.

秋田県の海岸

23

6 三陸海岸，高田海岸
Sanriku Coast, Takata Coast

Takata Coast in RikuzenTakata, located at the inner part of Hirota Bay, is a typical ria coast. Takata Matsubara was located along this shoreline, a pine forest containing about seventy thousands pine trees that had been planted as a protection against the tsunami, storm surges and salinity intrusion. The gigantic tsunami of 11th of March 2011 destroyed almost the entire urban area of RikuzenTakata and washed away Takata Matsubara except for one tree. This shows how when the inner dynamics of the earth are manifested in its surface, a beautiful coast can be created in some cases and destroyed in others.

　三陸海岸の地形的特徴は，宮古湾を境に北部と南部で異なる．北部では切り立った崖（海食崖）が続き，一方，南部では海岸線が屈曲し，多くの湾と岬が連なるリアス海岸である．リアス海岸とは，山地が沈水し，谷に海水が進入してできる海岸のことで，奥行きのある湾と海側に突出する半島により特徴づけられる．切り立った崖が続く北部と湾や岬が連なるリアス海岸の南部，このような変化に富む海岸が形成された過程は，以下のように考えられている．

　300 万～400 万年前頃，太平洋プレートの沈み込み速度が上昇し，東北日本全体がほぼ東西方向からの圧縮力を強く受けるようになった．この圧縮力によって平原状であった現在の北上山地が隆起し，その後の侵食により谷が形成された．200 万～百数十万年前頃にかけて北上山地は曲隆（中心部が隆起し周縁部は沈降）し，その東縁にあたる現在の海岸部に発達した谷が海面下に没し，リアス海岸の原型が形成された．その後，北部は約 80 万年前から，南部は約 40 万年前以降に隆起し始めたが，北部と南部の違いはこの隆起の際につくられた．地質的に硬質で侵食に強い南部の海岸では，山地からの土砂供給が少なく，海中に没した谷が埋積されず，隆起後も谷と岬が連続するリアス海岸の特徴を残した．一方，北部では曲隆に伴う沈下量よりその後の隆起量が大きかったため，曲隆が起きる以前に形成された海底が海面上に現れ，軟弱で侵食されやすい地質だったため，波による侵食によって切り立った海食崖となり，屈曲の少ない海岸線が形成された．

　北部と南部ではまったく異なる景観が広がり，変化に富んだ岩手の海岸から，一つだけ代表的なものを選ぶのは容易ではない．さらに，かつての美しい姿は，今は見ることができないことも選択を難しくしている．2011（平成 23）年 3 月 11 日に発生した東北地方太平洋沖地震による地盤沈下と津波により，三陸の大半の海岸がその姿を大きく変えた．今，一つだけ選ぶとすれば，かつての優美な姿を思い出させ，また震災後は復興の象徴となった一本松がある高田海岸であろう．高田海岸は広田湾の湾奥に位置し，沿岸漂砂（海岸線に平行な方向の砂の移動）や気仙川から供給される砂によってつくられた砂浜である．海岸線に並行して高田松原があり，まさに白砂青松の景勝地であった．この松林は，17 世紀の中頃，高田の豪商が防潮林として植樹したのが始まりであり，その後も造林され，約 7 万本の松林が岩手を代表する景観をつくりだしていた．しかし，高田海岸付近は地震により約 60 cm 沈下し，また巨大な津波によってわずか 1 本の松を残すのみとなった．高田海岸がかつての姿を取り戻し，美しい松原が再生されたとしても，それがいつのことになるのかわからない．なぜなら，最終間氷期（約 13 万年前）以降の三陸海岸の隆起速度は 0.2～0.3 mm/年と推定され，仮にその平均的な隆起速度だけで約 60 cm の沈下を回復し，かつてのような砂浜に戻るには 2000～3000 年が必要となる．

地球内部の大きなうねりが曲隆や隆起としてその力を地表面に現した時，美しい海岸をつくり出し，また地震として現れる時，その美しさを奪ってしまう．こうしたことが繰り返されてきたし，これからも繰り返す．私たちが目にする風景は，変化し続ける地球のある一瞬の姿に過ぎず，だからこそ，その美しさを大事にしなければならない．今回の大震災は，私たちにそう教えているように思える．[堺　茂樹]

三陸海岸，高田海岸

■1　この一本を残し，約7万本の松林が津波によって壊滅
The only pine tree that survived the gigantic tsunami of 11th of March 2011

■2　被災前の陸前高田市の市街地と高田松原（2002.8撮影）
The urban area of Rikuzen Takata and Takata Matsubara before the tsunami (Aug. 2002)

■3　壊滅的被害を受けた市街地と地震による地盤沈下により一部が海中に没した高田海岸（2011.3.28撮影）
Destroyed urban area and Takata Matsubara: A certain area of Takada Coast was sank by the earthquake. (Mar. 2011)

7 蒲生干潟
Gamo Lagoon

Gamo Lagoon used to be a very popular wetland amongst local citizens in Sendai City mainly due the abundance of waterfowls, especially migratory birds, during winter. After the construction of Sendai Port, located about 2km north from the lagoon, severe recession of the shoreline occurred, resulting in sediment intrusion into the lagoon induced by frequent overwashing during extreme storm events. Hence a hard structure was constructed on the sandy coast to prevent the wave overtopping and sediment intrusion. Recently, the 2011 Great East Japan Earthquake Tsunami caused the complete destruction of the lagoon morphology.

　蒲生干潟は仙台市七北田川河口に位置する（■1）．ゴカイやハゼ類など多様な生物の生息場であったため，餌となる豊富な生物を求め多くの鳥類が飛来し（■2），また，渡り鳥の中継地として重要な役割を果たしてきた．しかし，2011年3月11日の東日本大震災津波により大きく変容した．

　蒲生干潟は七北田川の流路の跡で，以前の河口河道は海岸線に平行して2kmほど北上してから仙台湾に注いでいた．1960年代後半の仙台港建設に伴い旧河道の北側が埋めたてられ，残された水域が長さ860m，最大幅250m，水面積13haの潟湖を形成した．蒲生干潟と七北田川の間には石積の導流堤が建設され，堤内にヒューム管を敷設することにより，海水交換が維持された．その後，1989年および1997年に導流堤の改修がなされた（■3）．

　仙台海岸では南から北に向かう漂砂移動が卓越し，蒲生干潟前面海岸は砂移動の最末端に位置するため，通常であれば海岸線の前進が期待される．これに反して，仙台港の防波堤建設直後から，蒲生干潟奥部前面海浜では侵食が顕著となった．防波堤からの反射波の影響がその大きな要因である．海岸線の後退に伴い，蒲生干潟北部の水際から海岸線までの距離が減少し，高波浪時には越波により干潟内での顕著な土砂の堆積が見られた．また，七北田川河口から進入する波浪によっても干潟内に土砂が持ち込まれ，干潟面積減少や澪筋消失が発生した．さらに，潟内部の塩分変化や，それに伴う生態系の変化が問題となった．そこで，干潟北部海浜部における越波対策工として，1998年から2000年にかけて越波防止堤が設置された．これにより，蒲生干潟北部での越波による土砂流入が抑制され，海浜植生の回復が見られた．一方，河口部での越波による干潟内への砂の流入を阻止するために，河口左岸にも越波防止堤が建設された．

　2011年3月の津波の来襲により砂浜が決壊したが，一時期，以前のラグーン（潟湖）地形（湾か砂州によって海から分離され，湖となった地形）が再生された．しかし，その後，七北田川河口が完全に閉塞した（■4）．この河口閉塞は9月21日の洪水により解消されたが，開口位置は北に移動し，2012年1月現在は図中の矢印の位置にある．このような河口開口部の変動は河川管理上，また，蒲生干潟の再生などの観点から望ましいものではない．

　仙台海岸には阿武隈川河口の鳥の海，名取川河口の井戸浦，広浦など類似した潟湖が存在する．これらの汽水環境は仙台湾の沿岸漁業と密接にかかわっている（田中，2004）．例えば，仙台湾水域における有用漁業資源の一種であるイシガレイの稚魚は1月から3月のこれらの内湾・河口域に移動し，成長後の夏季から秋季に外海に出て行く（大森・鵤田，1988）．河口潟湖が受けたダメージによる水産業への中長期的な影響が危惧される．

［田中　仁］

■1　北側より蒲生干潟，七北田川河口，南蒲生浄化センターを望む（2002.1）
View of Gamo Lagoon, Nanakita River mouth and Minami Gamo Sewage-treatment Center from the north (Jan. 2002)

■2　潟湖内のウミ鵜（宮城県河川課柳沼久喜氏提供）
Sea cormorants living in the lagoon

■3　導流堤と水門：左側が蒲生干潟，右側は七北田川河口．（2004.1）
Jetty and gates separating Gamo Lagoon (left) and Nanakita River mouth (right)(Jan. 2004)

■4　東日本大震災津波来襲後の蒲生干潟と七北田川河口（2011.9.7）
Gamo Lagoon and Nanakita River mouth after the Great East Japan Earthquake Tsunami (Sep. 1, 2011)

蒲生干潟

松島
Matsushima (Pine Islands)

8

Matsushima, composed of 260 tuff islands of a variety of shapes that are covered in pine trees, offers visitors a beautiful scenery that is considered one of the Three Great Views of Japan. 9000 years ago, sea level rise delivered an abundance of sediment along the islands to flatten the bottom and make the sea quite shallow. The presence of many islands and the shallowness of the sea dissipate wave energy and the bay thus functions as a good natural harbor. Shiogama Port at the head of the bay has been used since the Nara era, though in the Showa era this function shifted to the new Sendai Port. However Matsushima Bay again proved to be well protected against the huge tsunami of 2011, meaning that Shiogama port could survive and function during the recovery process.

　日本三景松島は，宮城県松島湾周辺に存在する大小約260の島々を中心として，それを取り囲む水域や松島丘陵を含めた景勝地域を指す．松島は，三陸リアス式海岸に続く沈降域にある．最終氷期後の海面上昇に伴い松島丘陵地の東側が沈水して，取り残された頂きが大小多数の島を形成した．島は新第三紀層の凝灰岩や砂岩などからなり，堆積年代が若いことから海食を受けやすく，様々な形の奇岩と凝灰岩の白，島の上に生えた松の緑，海の青が調和し絶景をつくり上げている．

　今から約9000年前に，海水面は現在より約30m低い位置まで上昇してきた．松島湾域に海水の侵入が始まり水没するとともに，土砂の流入により谷部が埋められて海底は平坦化，浅水化した（松本，1984, 1988）．その後も海面上昇は続いて水域は広がったが，松島湾の外縁を形作る島々が天然の防波堤の役割を果たし，水域は静穏で土砂の堆積は進行した．現在，松島湾の平均水深は約3mであり，この浅さも湾に侵入する波浪のエネルギー減衰に大きく寄与している．

　島々で守られ，松島湾の南に位置する塩釜湾は，古くから天然の良港としての役割を担ってきた．奈良時代から平安時代にかけて，多賀城に国府が置かれ，その外港として「塩竈」は物資輸送の拠点となり，歌枕として読まれた歌が『古今和歌集』に収録されるなど，その名は全国に知られていた．

　江戸時代に入り仙台藩の開祖である伊達政宗は，物資輸送のインフラ整備に傾注した．塩釜と七北田川を結ぶ水路である御舟入堀を開削し，藩北部の産物を，外海の波浪の影響を受けることなく，安全に仙台城下に運び入れる水運大動脈の一部が完成した．この構想は，明治政府にも受け継がれ，松島湾と鳴瀬川を結ぶ東名運河，鳴瀬川と北上川を結ぶ北上運河が相次いで開削され，北上川流域と阿武隈川流域を結ぶ一大水路網の完成をみた．

　昭和に入ると塩釜港は手狭になり，商工業港としての役割は新しく開削された仙台新港に移っていった．一方で塩釜港は特定第三種漁港として，マグロの漁獲高日本一を誇るなど住み分けが行われている．

　2011年3月に発生した大津波は，東日本太平洋岸の各地に甚大な被害を及ぼしたが，松島湾は天然の防波堤としての役割を津波に対しても遺憾なく発揮し，湾奥にある松島町，塩釜市の被害は比較的軽微であった．また，被害を免れた塩釜港の機能が災害復旧に大きく貢献した．

［真野　明］

■1 海食により凝灰岩の白い岩肌を見せる島：上には松島の名前の由来の松が生えている．（2011.11 撮影）
White tuff rock and pine trees on the islands

■2 松島湾の養殖漁業：牡蠣の漁獲量は広島に次いで全国第2位．宮城県の海苔の生産は全国第5位．（2011.11 撮影）
Aquaculture for oyster and seaweed

■3 津波の被害を免れた塩釜港の石油備蓄施設（2011.11 撮影）
Oil tanks survived intact the 2011 tsunami

松島

9 夏井・四倉海岸
Natsui-Yotsukura Coast

In old times people were fond of the beautiful scenery of the Natsui-Yotsukura coastline. However, the construction of coastal structure to protect against beach erosion has obstructed the natural scenery of the coast. Moreover, some rivers are located in the coast, and river-mouth closure has long been a problem. This problem still continues though beach erosion has been controlled by counter measures. Therefore, the overall sand management to increase sand drift in addition to examining countermeasure for river mouth closure are needed in this coast.

　福島県の太平洋沿岸部は浜通りと呼ばれ，宮城県境の埒木崎から茨城県境の鵜ノ子岬までの延長は143.2 kmに及び，大きな岬や入江が少ない単調な海岸線となっている．福島県の海岸は地形的成因から南半分のいわき低地と北半分の相双低地とに区分される．いわき低地は新第三紀層の標高150 m程度の丘陵地からなり，夏井川や鮫川などの大きな河川の下流域に広がる河成段丘や谷底平野と海岸沿いに発達する海成段丘と海岸平野から構成される．いわき低地の久ノ浜から勿来にかけての53 kmの海岸はいわき七浜と呼ばれており，海岸と岬や岩礁のおりなす景観は磐城海岸県立自然公園に指定される景勝地である．

　夏井・四倉海岸はいわき七浜の北部に位置しており，■1に示すように延長13 kmの緩やかな弓形の海岸で，北から仁井田川（延長21.1 km，流域面積106.8 km²），夏井川（延長67.1 km，流域面積748.6 km²），滑津川（延長11.2 km，流域面積36.5 km²），弁天川（延長1.8 km，流域面積3.5 km²）の4河川が流下している．年間の平均波向は東南東（ESE）方向であり，漂砂系は河川や海食崖などからの土砂を供給源としており，波により漂砂が海岸の始端と終端を行き来する．福島県最大のポケットビーチを形成している．

　各河川の河口状況を■2に示す．海岸北端から2 kmの地点には仁井田川が，海岸中心部の5.5 kmの地点には夏井川が位置している．夏井川は，浜通り最大の河川であり，河口幅は200 m程度あるが，海岸に沿って伸びる長い砂州が河口の左岸あるいは右岸のいずれから発達するために平水時の開口幅は10 m以下と狭く，時として完全に閉塞する．これは，夏井川河口が海岸の中央部に位置していることに加え，河口部付近で横川を通じて仁井田川と連結していることに起因している．このため，両河川の河口は同時に開口することはごくまれであり，写真のようにどちらかの河口が完全に砂で覆われて閉塞する特徴的な河川である．河口対策として導流堤の建設が期待されるが，海岸のほぼ中央に位置することから沖合まで突堤を出す導流堤は漂砂の移動を分断すること，また沖合に突堤を出すことによって河川からの砂の消失量が多くなり，砂浜の減少につながるなどの問題が予想される．そこで人工開削を実施しているが，年間20回程度の開削工事を必要としており，河口維持は困難を極めている．安定した河口維持は魚類や甲殻類などの河口を通じての遡上，降下に密接に関係しており，浜通りの多くの中小河川の問題ともなっている．12 km地点には滑津川，南端に近い13 km地点には弁天川がある．弁天川は流域面積が小さく，流量の最も少ない河川であるが，わずかでも流れがあれば閉塞しない特徴を有する．このように河口閉塞は海岸に対する相対的な河川位置と河川流量，河口に来襲する波エネルギーに関係することが示されている（長林・堺，2010）．

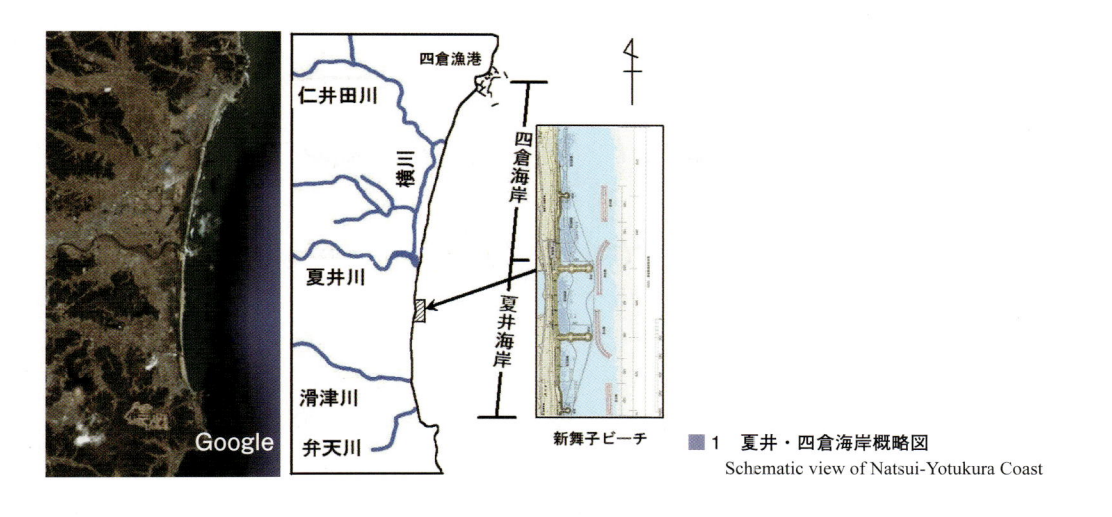

■1 夏井・四倉海岸概略図
Schematic view of Natsui-Yotukura Coast

仁井田川　　　　　夏井川

■2 夏井・四倉海岸の主な河川の河口状況（2008.2.15）
River mouth condition of the main rivers in Natsui-Yotukura Coast

滑津川　　　　　弁天川

1966年 　　　　1986年 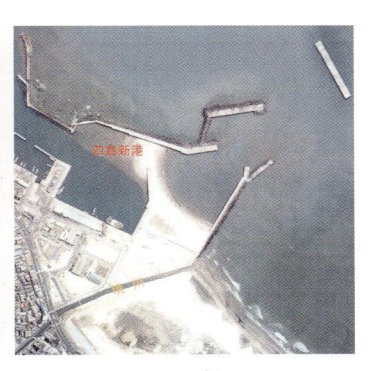　　　　2000年

■3 四倉漁港の沖合構造物の展開と汀線変化
Development of Yotukura fishing port and shoreline change

31

この海岸における年間の卓越漂砂方向は北向きであり，海岸北端の四倉漁港は■3の空中写真に示すように建設後40年程度で多量の砂が堆積して，2000年には漁船の泊地内まで土砂堆積が見られており，港湾の南防波堤を越える漂砂の移動が確認できる．1980年頃までは白砂青松の豊かな砂浜海岸の続く夏井・四倉海岸であったが，しだいに海岸侵食が進み，海岸線の後退に合わせて消波ブロックや離岸堤，突堤などの海岸構造物の建設が進展してきた．1966年の海岸線を直線で示し，それから10年，20年，30年間経過した海岸地形の変化と構造物の建設との関係を■4に示す．1976年までの10年間で夏井川河口の両岸に侵食が見られ，それに合わせて消波工が敷設された．さらに，1986年までの20年間に北部海岸の侵食が進み，四倉漁港近くには突堤群と消波工が設置された．その後の1996年までには，7.5 km地点に大型の突堤と離岸堤と緩傾斜堤防からなる環境整備事業が進められ，通称，新舞子ビーチが建設されて突堤の間に多量の砂を貯めている．

　海岸線の変化に加えて，1990年からの河口砂州の堆積状況の変化を■5に示す．縦軸のL_{sb}/Wは砂州長さを川口幅で除したもので縦軸の正値は右岸からの砂州堆積を，負値は左岸からのものを示す．また，縦軸の値が1は河口幅いっぱいまで砂州が伸びたものであり，閉塞した場合には値を0としている．図より仁井田川は閉塞することが多く，その時，夏井川は開口している．これは両河川が横川で連結しているためであり，平水時には一方の河川のみが開口できる程度の流量となっている．滑津川は夏井川と共に砂州の堆積方向が変化し，時として閉塞する．弁天川は海岸の南端にあり通年，左岸堆積する河川である．1995年は新舞子ビーチの大型突堤が完成して沖の離岸堤が建設されている時期であり，1998年までの砂州の堆積傾向に激しい変化が見られており，海岸全体に建設の影響が及んでいる．このように海岸構造物の建設や海岸環境の変化に伴う漂砂の変化は，河口維持と汀線形状に大きく影響することとなり，安定な漂砂量の確保は海岸環境の保全のための重要な検討テーマである．

[長林久夫]

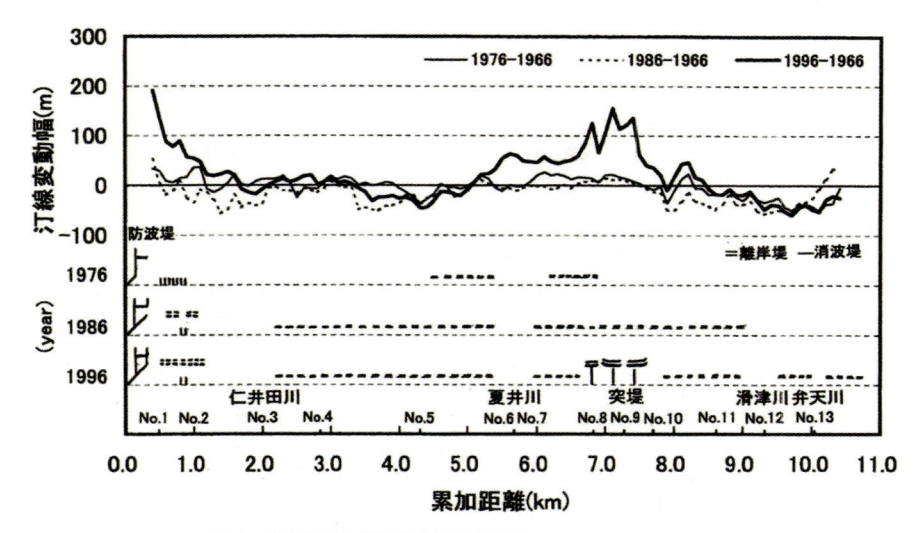

■ 4　海岸浸食と海岸保全工法の展開
Relation between beach erosion and shore protection facilities

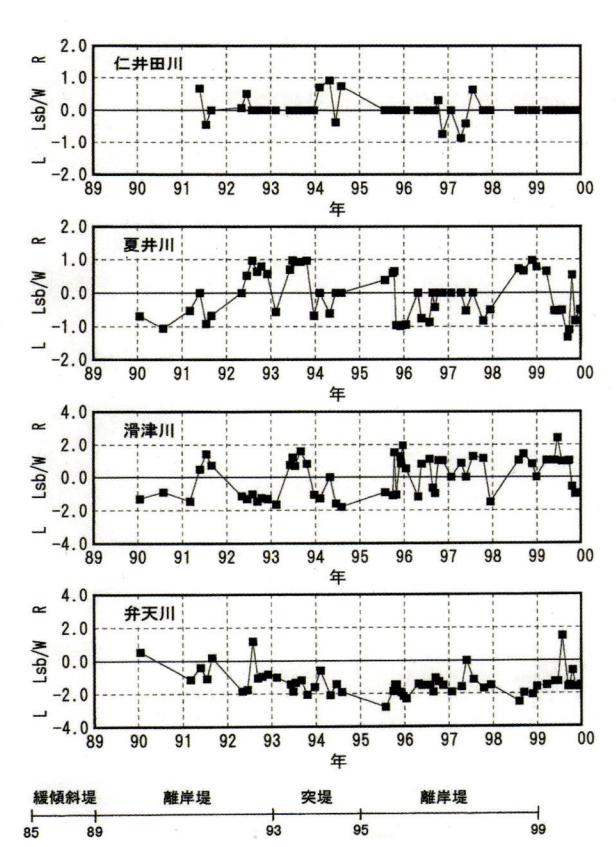

■ 5　海岸構造物建設に伴う河口砂州堆積方向の変化
Change of river mouth bar according to construction of shore protection facilities

夏井・四倉海岸

コラム 1　東北地方太平洋沖地震津波 （2011年3月11日）
2011 Great Eastern Japan Earthquake and Tsunami

On March 11, 2011, a large earthquake that occurred offshore the northeast coast of Japan generated a large tsunami which devastated extensive areas of the Tohoku coastline. Despite Japan being considered a country well prepared for these types of disasters, large casualties were recorded, with numerous discussions amongst the Japanese coastal engineering community ensuing. As a result, two different levels of tsunamis have been proposed and now recognised in Japan, depending on the frequency of such extreme events. The idea that hard measures can protect the lives of inhabitants of coastal areas has been abandoned, and these measures are only considered to be effective in protecting properties against the more frequent but lower magnitude events. Soft measures should always be used to protect against the loss of lives.

　東北の三陸地方沿岸は明治三陸津波（1896年），昭和三陸津波（1933年），チリ津波（1960年）など115年程の間に3回も大きな津波に襲われてきたため，湾口津波防波堤，海岸線に建設した津波防潮堤，津波避難ビルなど何重にも防護の方法を講じていた．ところが，2011年3月11日の東北地方太平洋沖地震津波（以下では略して東北津波と呼ぶ）では，津波の大きさが予想されていたものよりもはるかに大きかったため，津波来襲時に地域社会を守る最後の砦である防潮堤が各所で破壊され，破壊されなかった防潮堤も津波が乗り越えてしまい，集落を津波が襲った．東北津波の被害により，大きな津波に襲われた場合，防潮堤などの構造物だけで居住地を守ることは無理であり，早めに高台に避難することが必要であることがはっきりした．

　津波被災調査では，日本の津波研究者のほぼ全員を組織した東北地方太平洋沖地震津波合同調査グループが結成され，筆者らの早大グループの結果を含めてすべてのデータを集めて検討を行った．■1はグループ全体の計測結果を1つの図にまとめ，さらに明治三陸地震津波，昭和三陸津波と1960年チリ津波の計測結果を同じグラフ上に表現したものである．津波高さとは，それぞれの地点を通過した津波の高さを津波来襲時の水面との差として表したもので，残存した建造物の壁や，樹木に残された痕跡から推定することができる．津波高さにはいくつかの定義があるため，注意が必要である．■2に示すように津波浸水高は通過していった津波の来襲時の潮位からの高さを表し，遡上高は丘を登った津波の最高到達点の来襲時潮位からの高さを表す．また，浸水深は地盤表面からの津波水位の高さを表している．

　■1を見ると，今回の津波は昭和三陸津波の高さをはるかに超えており，明治三陸津波の高さを概ね超えていて，一部の地域では明治三陸津波とほぼ同じ高さとなっていることがわかる．また，明治三陸津波が三陸海岸の周辺に限られていたのに対して，今回の津波は青森県から千葉県にわたる広範囲に被害が及んでおり，特に宮城県仙台市沿岸部から福島県相馬市に及ぶ沿岸の低平地に大きな被害を出したことが特徴である．図からは，三陸地方のリアス式海岸の地域では今回の東北津波は明治三陸津波と並ぶ津波高さのため，115年間に2回起こった津波と言える．一方で，仙台平野から南の低平地を襲って津波としては859年に来襲した貞観地震津波以来1152年ぶりの大きな津波であったということになる．

　東北津波では，津波の浸水高さは，三陸のリアス式海岸では最大40 mに達し，宮城県南部から福島県にかけての低平地では15 mを越え，茨城県，千葉県では最大値は概ね10 m程度であったことがわかる．岩手県から千葉県まで広範にわたり津波による家屋の流出，港湾施設の損壊，船の乗り上げなどの被害が起こっていた．また特に，福島県，宮城県，岩手県では，堤防や防波

堤の崩壊，侵食による海岸線の後退が多くの地域で見られ，早急な対策が必要となった．

　今後の津波対策には，2つの異なるレベルを想定して対応することとなる．①津波防護レベル：構造物で対応する津波のレベル（海岸防護施設の設計で用いる津波高さ）のことで，再現確率は数十年から百数十年に1度程度の津波を対象とし，沿岸部の資産を守ること，住民の津波避難を助けるために，津波の陸上への侵入を低減し遅らせることを目標とする．このレベルはレベルⅠとも呼ばれている．②津波減災レベル：避難計画のための津波のレベルで防護レベルをはるかに上回る津波に対して，人命を守るために必要な最大限の措置を行う．これまでの想定よりも高い浸水高さとなるため，地域によっては新たに抜本的な避難計画を策定することが必要となってくる．このレベルはレベルⅡあるいは最大規模の津波とも呼ばれる．東北津波では南三陸町の4階建ての津波避難ビル（■3）の屋上の床から71 cmの高さまで浸水した例があるため，避難場所の選定には注意が必要で，必要な場合に津波避難タワーなどの施設を新たに造っていく必要がある．

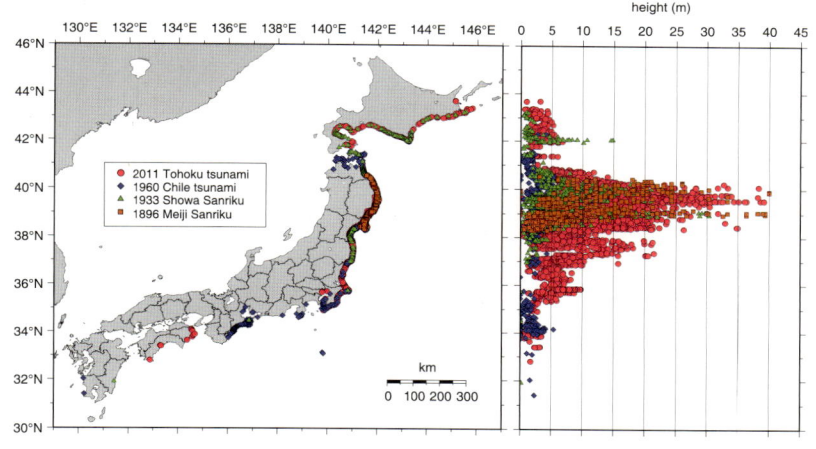

［柴山知也・三上貴仁］

■1　合同調査グループの浸水高さと遡上高さの計測結果と過去の津波の比較（2011年東北地方太平洋沖地震津波の痕跡高は，東北地方太平洋沖地震津波合同調査グループ統一データセット（リリース20121229版），1896年明治三陸津波，1933年昭和三陸津波，1960年チリ津波の痕跡高は，津波痕跡データベース（東北大学・原子力安全基盤機構）による）
　　Comparisons of tsunami inundation and run-up height of Tohoku Tsunami (2011), Meiji Sanriku (1896), Showa Sanriku (1933) and Chilean tsunami (1960).

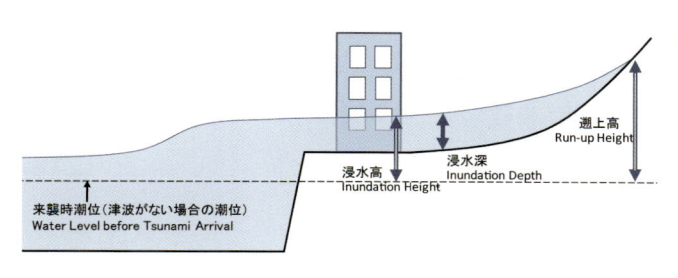

■2　津波の浸水深，浸水高，遡上高の関係
　　Definitions of inundation height, run-up height and inundation depth

■3　南三陸の避難ビル
　　Tsunami evacuation building in Minami-Sanriku

10 五浦海岸 — 近代美術を育んだ美しい海岸の保全
Idura Coast

Idura Coast, located at the north of Ibaraki Prefecture, is made up of cliffs and shore reefs. The coast has a beautiful landscape consisting of white cliffs, Japanese black pines and white waves in a blue ocean. The harmony of natural sounds can also be heard here, so one famous activity of Japanese art was performed at the beginning of the 20th century. The cliffs are made of mudstones that have been naturally eroded by wind waves. In order to protect the shorelines of this beautiful natural landscape, artificial reefs and cliffs have been constructed in the past.

　南北に延びる茨城県の海岸線の中央にある那珂川河口付近を境に，北側では崖海岸と小河川による沖積地からなる砂浜海岸が断続的に存在する．そのうち県北端の北茨城市にある五浦海岸は北から「端磯」，「中磯」，「椿」，「大五浦」と「小五浦」の五つの入り江からなる美しい崖海岸である．この海岸は直立した白い岩が露出した崖，その上に茂るクロマツの緑，青い海にダイナミックな白波と，色のバランスが絶妙で「日本の渚百選」（日本の渚中央委員会認定，1996；建設省や環境庁など後援）や「白砂青松100選」（（社）日本の松の緑を守る会選定，1987）に選ばれている．また岩礁，砂浜と崖の三ヶ所で起こる波が砕ける音，入り江奥の静かな水域で貝殻や小石が波に洗われる音，松林を通りすぎる風の音による自然のハーモニーも見事で「残したい日本の音風景100選」（環境庁，1996）にも選ばれている．美術運動家として日本の近代美術の発展に功績を残した岡倉天心はこの五浦海岸を東洋的な風景ととらえ，1906年に日本美術院を東京からここに移し活動の拠点とした．彼の弟子で近代日本画の巨匠の1人である横山大観もこの地で研鑽を積んでおり，代表作の一つ「生々流転」はこの五浦海岸がモデルといわれている．

　崖の高さは約10～50mで主に多賀層群と呼ばれる地層からなり，「日本の地質百選」（日本の地質百選選定委員会，2007）に選ばれている．付近には亀ノ尾層と呼ばれる地層もあり，層理や層間褶曲，不整合などの確認ができたり，石灰分が多く残り保存状態のよい二枚貝などの化石や泥岩の中に有孔虫の微化石がたくさん出る水域もあり，地学としても興味深い場所である（大山，1977）．ここの主たる地質は凝灰質泥岩であるため，波による侵食が進む海食崖となる．崖に波があたるところに侵食作用によってできる洞窟（海食洞）や，海食崖の前面の海にできる平らな浅瀬の波食棚，崖と海面が接する付近で波食窪もところどころで確認できる．侵食による崖の後退速度は平均1m/年ほどで，一般的な砂岩・泥岩の海食崖の後退速度の中では速い方である．後退が著しいのは年間を通して波が正面からあたりやすく，水に対して弱い岩質が海面付近に分布する，やや南東を向いた場所（宇多，1997）である．

　侵食の進行により岡倉天心らが使用した貴重な文化施設が崩壊する恐れがでてきたことから，保全対策が施されることとなった．周辺の自然景観との調和を図るため，採用された対策工は人工礁，人工岩礁や人工崖を巧みに組み合わせたものである．深く注意して観察しなければこれら人工物と元からある自然の岩礁や崖との見わけがつかないほど，完成度の高い自然にとけ込んだ海岸保全施設となっている．

［信岡尚道］

■ 1 小五浦の静かな
波食棚：手前の砂浜
も景観や自然の音に
アクセントをつけて
いる．(2012 撮影)
Calm wave-cut shelf
of Koidura

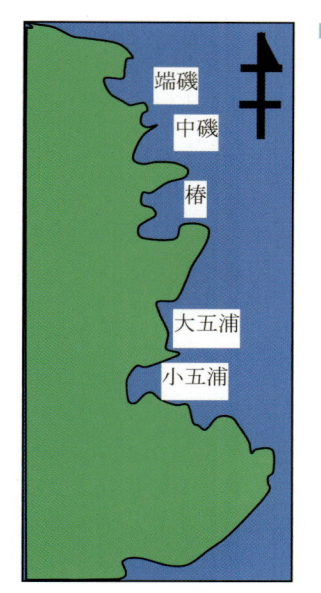

■ 2 五つの浦（磯）からなる五浦海岸
Five inlets of Idura-Coast

端磯
中磯
椿
大五浦
小五浦

■ 3 大五浦：岩礁や崖の一部は人工岩と人工礁
で造られている．(2012 撮影)
Ōidura

五浦海岸

11 茨城県南部の海岸 — 長い砂浜と鹿島港建設の明と暗
Coast of Southern Ibaraki

The Coast of southern Ibaraki, facing Kahimanada, on the Pacific Ocean, was originally a 70 km long sandy beach. The Port of Kashima started to be developed from 1963 and now divides the coast into two halves. Along the northern part, Kashima Plateau lies close to the coast and the shore width is limited. On the other hand, the southern part is a flat land between Tone River and the sea with rich sandy beaches and coastal dunes. The northern part has suffered from severe erosion since the construction of the port, and 28 jetties (known as headland) were installed to control the alongshore sediment transport and ease the erosion.

　茨城県の南部には太平洋・鹿島灘に面した延長約70 kmの海岸がある．北端に那珂川，南端に利根川があるが，現在の利根川の姿は江戸時代に行われた利根川東遷によるものである．この海岸の北部（大洗町，鉾田市，鹿嶋市）には鹿島台地が海辺に迫っており，平地は限られている．これに対して，南部（鹿嶋市，神栖市）は低平な土地が利根川と鹿島灘の間に広がっており，豊かな砂浜と砂丘の発達が見られる．海岸の風影は単調なものの雄大である．なお，現在見られる砂丘の一部は海岸林の保護，内陸への飛砂防止を目的に人工的に造成されたものである．沿岸には，茨城港・大洗地区（カーフェリー，漁港），鹿島港（工業，漁港），波崎漁港があり，利根川をはさんだ千葉県側に銚子漁港がある．

　自然状態では一続きの砂浜であったが，現在では鹿島港により南北に分断されている．波浪は，夏季は主に南方から，冬季は北方から入射する．南防波堤の延長は約4 km，先端は水深約20 mの位置にあり，波の作用で運ばれる沿岸漂砂を止めている．鹿島港の開発は1963年に始まった．大規模な掘り込み港湾であり，浚渫された大量の土砂は周辺の海域に置かれた．鹿島港南側の日川浜から須田浜にかけての豊かな砂浜はこの浚渫土砂により形成されたものである．鹿島港の開港により鹿島工業地帯が発展し，かつては貧しい寒村であった当地に経済的な繁栄をもたらした．

　各港の整備の進展に伴い，港湾域に隣接する海岸を中心に侵食が問題となり始めた．その対策として，1985年よりヘッドランドが設置され，砂の動きを制御している．ヘッドランドの長さは約150 m，約1 kmの間隔で設置され，沿岸方向の土砂移動を抑制し，ヘッドランド間の土砂の流出を防いで海岸線を維持する．北部に28基，南部に5基が設置されている（2012年1月現在）．ヘッドランドの設置により，かつての豊かな砂浜の復活には至っていないものの，汀線後退は緩和され小康状態が保たれている．海岸の後浜には多くの植物が繁茂し，コウボウムギ，ハマヒルガオ，ハマニンニク，ケカモノハシなどが代表的である．砂の動きは激しく，植物が繁茂する場所は頻繁に変化する．

　鹿島灘は黒潮と親潮が出会う水産資源に恵まれた海域である．浅海域で採れる代表的なものはイシガレイ，ヒラメ，シラス，チョウセンハマグリ，コタマガイなどである．チョウセンハマグリの生息数は近年減少傾向にあり，乱獲とならないように資源管理が行われている．また鹿島灘では調査，研究が継続的に行われ，港湾空港技術研究所の長さ400 mの観測桟橋では波，流れ，地形の計測が，水産総合研究センター水産工学研究所，茨城県水産試験場では海域の資源，水質などの調査が続けられている．多数の風力発電所が南部の沿岸にあり，鹿島港岸壁の前面には，2010年に洋上風力発電所として7基の風車が海域に設置された．

［武若　聡］

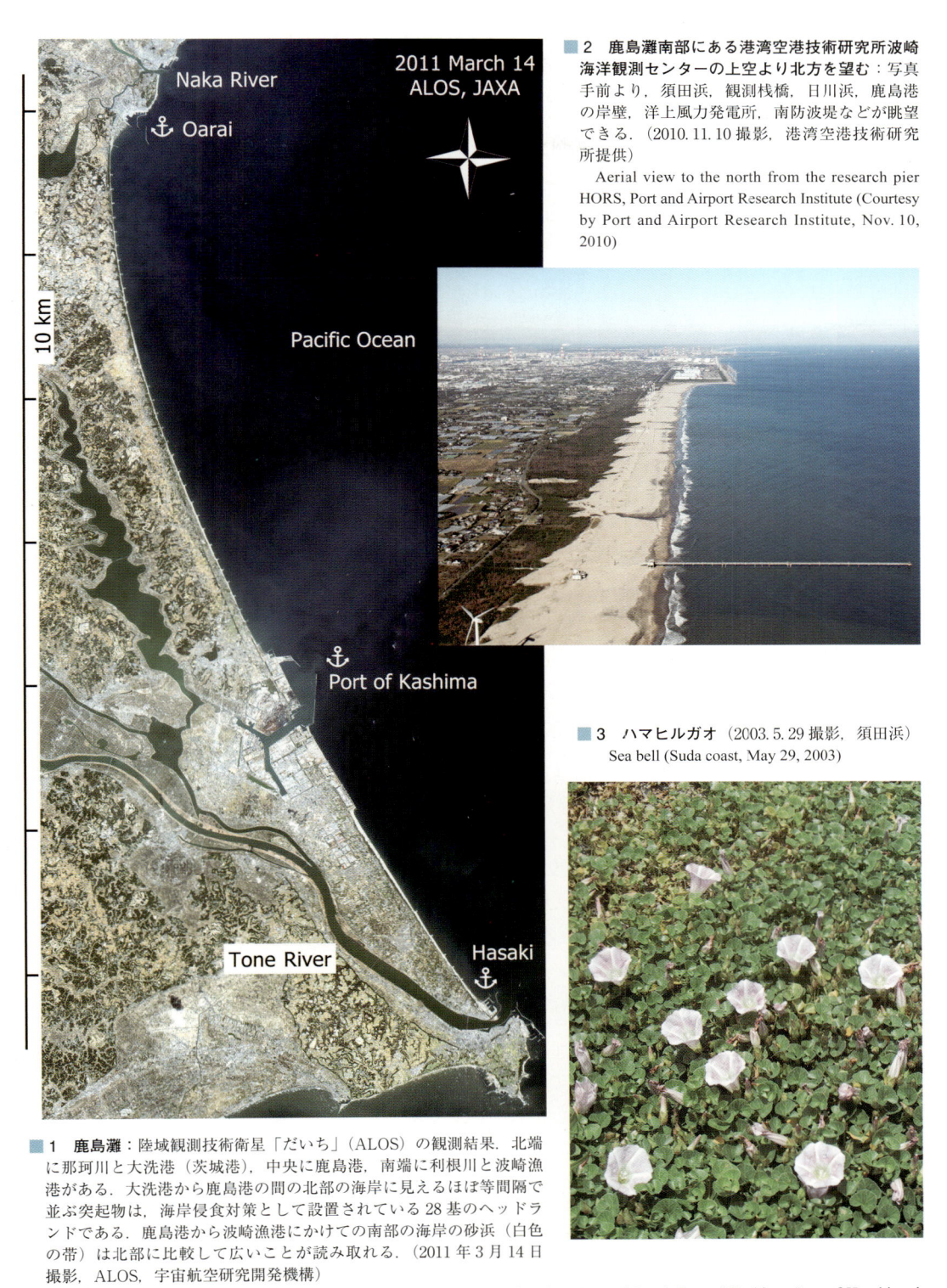

■1 鹿島灘：陸域観測技術衛星「だいち」（ALOS）の観測結果．北端に那珂川と大洗港（茨城港），中央に鹿島港，南端に利根川と波崎漁港がある．大洗港から鹿島港の間の北部の海岸に見えるほぼ等間隔で並ぶ突起物は，海岸侵食対策として設置されている28基のヘッドランドである．鹿島港から波崎漁港にかけての南部の海岸の砂浜（白色の帯）は北部に比較して広いことが読み取れる．（2011年3月14日撮影，ALOS，宇宙航空研究開発機構）

Satellite image captured by ALOS (JAXA). From north to south: Naka River, Port of Oarai, Port of Kashima, Port of Hasaki and Tone River. At almost identical spacing along the northern coast are the 28 jetties (known as headland) to ease coastal erosion. The width of the sandy beach along the southern halve is wide and visible as a white, thick and oblique stripe in the image. (March 14, 2011, ALOS, JAXA).

■2 鹿島灘南部にある港湾空港技術研究所波崎海洋観測センターの上空より北方を望む：写真手前より，須田浜，観測桟橋，日川浜，鹿島港の岸壁，洋上風力発電所，南防波堤などが眺望できる．（2010.11.10撮影，港湾空港技術研究所提供）

Aerial view to the north from the research pier HORS, Port and Airport Research Institute (Courtesy by Port and Airport Research Institute, Nov. 10, 2010)

■3 ハマヒルガオ（2003.5.29撮影，須田浜）
Sea bell (Suda coast, May 29, 2003)

茨城県南部の海岸

12 三番瀬
Sanbanze

Sanbanze is one of the last tidal flat and shallow water areas remaining at the head of Tokyo Bay. The Sanbanze area began as a salt production site and trading ground in the Edo period, shifting to a fishery ground for seaweed culturing and shellfish hunting from the Meiji and Taisho periods. Due to reclamation, industrialization and urbanization from the 1950s, Sanbanze has been suffering from a decline in its water environment and fisheries. The resulting public concern has led to stopping further reclamation and considering environmental restoration along with the rehabilitation of dilapidated sea walls and enhancement of ecological activities.

　三番瀬は千葉県浦安市，市川市，船橋市，習志野市の4市に三方を囲まれ，東京湾奥部に残された貴重な干潟・浅瀬である．東西約5.7 km，南北約4 kmの広がりを有し，その面積は全体で約18 km^2，水深1 m未満の水域は約12 km^{2}であり，大潮の干潮時には約1.4 km^{2}が干出して干潟となる．江戸川放水路の河口から市川航路が三番瀬のほぼ中央を通って沖合へ伸びており，これによって三番瀬は市川側と船橋側に分断されている．三番瀬の名称は江戸時代から漁業関係者が使用していた，このあたりの浅瀬の一部を示す通称名に由来する．江戸時代には幕府による製塩業の奨励や東京湾に注いでいた旧利根川の東遷によって，市川市南部の行徳から船橋にかけての沿岸は塩づくりが盛んとなり，塩の流通を通して舟運でも栄えた．しかし，明治時代から大正時代の台風による高潮災害や政府による塩の専売化によって，江戸川放水路が整備された大正期には製塩業は衰退し，代わって海苔づくりやアサリ漁業が盛んとなった．昭和30年代から40年代の高度経済成長期には急速な工業化・都市化によって地下水や天然ガスをくみ上げたため，陸岸では最大2 mもの地盤沈下が発生し，同時に沿岸の大規模な埋立が進んだことで，三番瀬の水深も全般に深くなった．さらに東京湾の水質汚濁や埋立材の採取跡である深掘が沖合に形成されたことで赤潮や青潮が発生し，こうした環境の劣化により漁業は衰退していった．その後は下水道の整備をはじめ，東京湾全体の環境再生への取り組みが強化され，世論の環境への関心が高まる中，2001年には埋立計画が白紙となり，以降，三番瀬再生に向けた議論が進められている．

　元々砂泥質であった三番瀬は浦安の埋立などによって猫実川河口部の海水交換が悪くなり，一部ではヘドロ化が見られるものの，全般には砂質から泥質の生物多様性に富む豊かな海域であると考えられる．泥質化した猫実川河口域ではゴカイ類やアナジャコが豊富に生息し，カキ礁も形成されている．残りの水域では砂質の干潟・浅瀬が広がり，アサリ漁や海苔養殖が行われ，船橋三番瀬海浜公園では潮干狩りも行われている．また，豊富な底生動物の存在は水中のプランクトンや底質中の有機物を取り込むことで有機物分解を促進し，高い水質浄化機能を発現させている．さらに湾奥では稀少な，魚類の産卵場や幼稚魚の生育場であることから，東京湾全体の生物相にとっても重要な水域であると考えられ，渡り鳥の中継地としても貴重である．一方，埋立計画のため暫定的に整備された護岸は老朽化が進み，台風による高波や2011年東日本大震災による液状化の被害も深刻である．また，江戸川放水路からの土砂供給も市川航路にトラップされるなどから，沈下した干潟・浅瀬の回復も期待できない．このような困難もあるが，環境改善へのさらなる取り組みとともに防災，漁業，市民の利用に配慮した三番瀬の再生が期待される．

［佐々木　淳］

■1 猫実川河口域に広がるカキ礁：約 4000 m² の面積を有し，航空写真解析から 1997 年には既に同程度の規模で存在したことが確認されている．（2004.6.5 撮影）
　Oyster reef in the Nekozanegawa River mouth: The reef has existed since at the latest 1997 with the area of approximately 4000 m² from an analysis using a time series of aerial photos. (Photo taken on June 5, 2004)

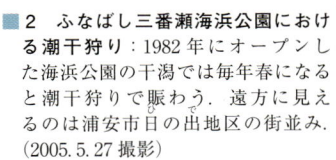

■2 ふなばし三番瀬海浜公園における潮干狩り：1982 年にオープンした海浜公園の干潟では毎年春になると潮干狩りで賑わう．遠方に見えるのは浦安市日の出地区の街並み．（2005.5.27 撮影）
　Shellfish gathering in Funabashi Sanbanze Seashore Park: People enjoy digging for clams at the tidal flat of the park every spring since 1982. The town of Hinode, Urayasu, is seen in the distance. (Photo taken on May 27, 2005)

■3 2011 年東日本大震災直後のふなばし三番瀬海浜公園前面の干潟：陸側では地震による地盤沈下，液状化，地割れなどが見られ，沖側では津波によって海苔養殖が甚大な被害を受けた．（2011.3.20 撮影）
　Tidal flat of Funabashi Sanbanze Seashore Park just after the occurrence of the 2011 Tohoku earthquake: Land subsidence, liquefaction, and ground cracks were observed while facilities of seaweed culturing and seaweeds were severely damaged due to the resultant tsunami. (Photo taken on Mar. 20, 2011)

三番瀬

13 東京湾の埋立地
Reclamation in Tokyo Bay

Reclamation in Tokyo Bay begun in the 1590s after Ieyasu Tokugawa, founder of the Edo Shogunate, moved to Edo Castle. To date, vast areas have been reclaimed, and consequently 86% of the shoreline in Tokyo Bay has been replaced by concrete seawalls. The waterfront areas, mainly created from land reclamation, have played a vital role in boosting the economic development of Japan. On the other hand, environmental problems and the potential risks of disaster in the low-lying reclaimed areas need to be identified, as they represent some of the negative impacts of these reclamations.

　東京湾は，房総半島の洲崎と三浦半島の剣崎の二点を結ぶ線の北側約 1380 km^2 の海域のことを指し，海岸線の 86 % が人工海岸からなっている（環境庁，1998）．中でも東京都の臨海部は大部分が埋立地となっており，自然海岸の面影はほとんどない．東京湾における埋立の歴史は徳川家康が 1590（天正 18）年に江戸城に入城したことに始まる．現在の日比谷公園の周辺はかつてノリ養殖が盛んな東京湾の入り江であったが，入府間もなく家康は江戸城の濠を開削した際に発生した土砂を使って日比谷入江を埋立て，城下の居住地を確保した．以降，幕府の体制が安定し，江戸が急速に発展を遂げるとともにさらなる土地の確保やゴミ処分場が必要となり，各所で埋立が進められることになる．隅田川の東に位置する江東デルタ地帯も江戸時代の初期より継続的に埋立がなされてきた場所である．幕末には黒船の脅威に対抗するため砲台を収容する台場が品川沖の六ヶ所に建設されており，この人工島の建設に実に延べ 272 万人の労働力を要している（江戸東京湾研究会，1991）．

　明治以降の近代においては，船舶の大型化に伴い浚渫が必要となり，その発生土を処分し，用地を確保する目的のために埋立てが行われている．月島や芝浦，晴海，豊洲などは隅田川河口の浚渫土を用いて埋立てられた土地である．明治初期には鉄道敷設も始まり，浮世絵師歌川広重が東海道とともに描いた高輪海岸が埋立てられて品川駅がつくられた．また，近代は東京湾のすがたを一変させた時代でもあった．東京の人口は 1879（明治 12）年には約 95 万人であったが，50 年後の 1928（昭和 3）年には 500 万人を突破している（菊地，1974）．この人口増加に伴い，東京では内国貿易港として東京港の築港，川崎では日本最大の京浜工業地帯の造成，また横浜では外国貿易港の整備のために大規模な埋立が行われ，自然海岸がすっかりコンクリート護岸に置き換わった．

　第二次世界大戦後は，高度経済成長を経てさらに急激に人口増加が進み，2010（平成 22）年現在では東京・横浜エリアは約 3500 万人の人口を抱える世界最大の都市圏となった．この巨大な人口や経済を支えるため，1945（昭和 20）年以降，実に山手線内の面積の約 3.3 倍に相当する埋立地が新たに造成されている．また，千葉県側の東京湾奥は戦前ほとんど埋立が行われていないが，戦後は重化学工業の企業誘致が促進され，短期間に東京湾の埋立のおよそ半分にも及ぶ面積が埋立てられている．なお，昭和 25 年の港湾法の制定に伴い港湾管理者が国から各地方自治体へと移ったため，以降東京湾に面する東京，神奈川，千葉において各々独自の方針で臨海部の開発が行われてきている．

　近年の埋立は水深が 10 m 以上とかつてに比べるとかなり深い水域で行われる場合が多く，加

東京湾の埋立地

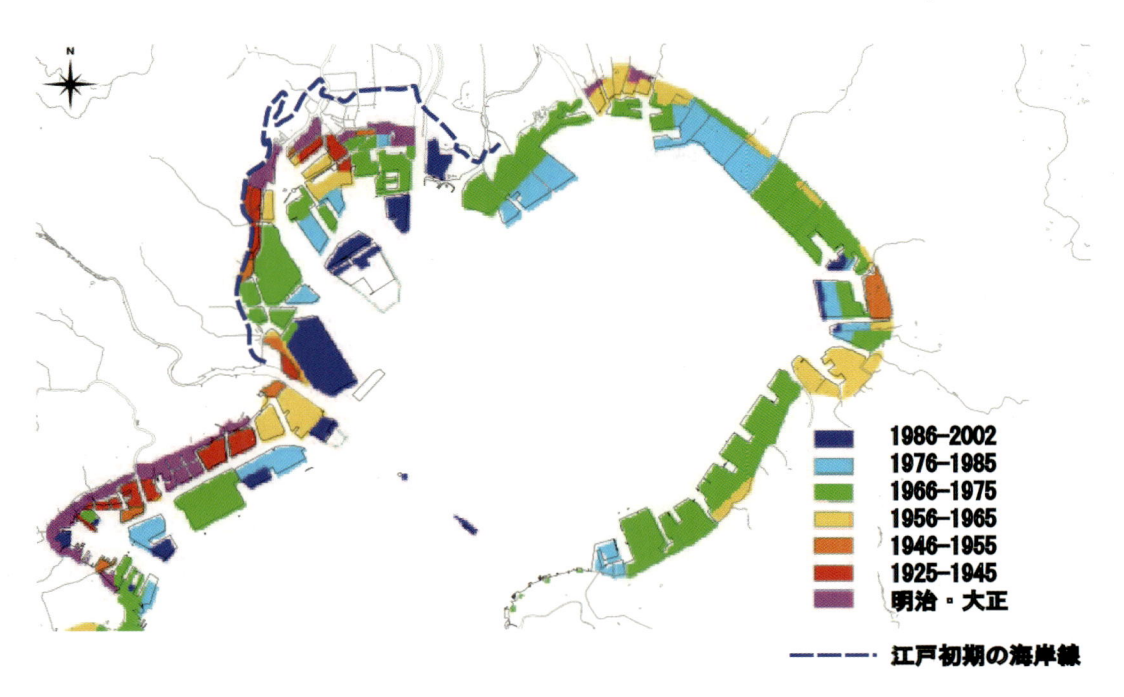

■1　東京湾の埋立の変遷（国土交通省（2003）と松田（2009）をもとに作成）
Expansion of land reclamation in Tokyo Bay from Edo Period to present

1986–2002
1976–1985
1966–1975
1956–1965
1946–1955
1925–1945
明治・大正
――― 江戸初期の海岸線

■2　東京港の中核を担う大井コンテナふ頭の全景（2011.12 撮影）
View of the major port in Tokyo Bay (Oi Container Terminal)

えて東京湾海底は軟弱地盤が広がっているため，これを克服する埋立技術の開発が近年の埋立エリアの拡大を下支えしたといえる．その象徴的な例が羽田空港（東京国際空港）である．首都圏における国内航空交通の機能を拡充するとともに，航空機騒音問題の抜本的解消を図るため，1984（昭和59）年に羽田沖合展開事業が着手され，以降2000（平成12）年までに3本の滑走路が沖合の埋立によって建設されている．東京都の廃棄物埋立地を活用したが，もともとこの場所は浚渫ヘドロや建設残土の廃棄場所であったため，極めて軟弱な地盤を改良することが最大の技術的課題であった．このため軟弱地盤内の水分を排水させるペーパードレーン工法やサンドドレーン工法など様々な地盤改良工法や高度な沈下予測が実施されている．さらに2010（平成22）年には再拡張工事により既設滑走路の沖合に4本目の滑走路が完成し供用を開始している．この滑走路は多摩川河口近くに位置するため，河口流を阻害しないように桟橋構造と埋立を海上で接合する世界で初めての工法で建設されている．

　これまで見てきたように，東京湾では過去400年以上の埋立の歴史があり，首都圏ひいては我が国の経済発展を牽引してきた重要な拠点として機能してきた．一方で埋立による臨海部開発が水質や生態系など環境面で影響を及ぼし，また漁村の消失や人々の憩いの場である海浜の消失の直接的な原因となったことも事実である．近年，このような開発の代償として東京湾では葛西やお台場，大森などに人工海浜が整備され，また従来のコンクリート護岸に代えて生物共生型の護岸が少しずつではあるが設置されてきている．

　最後に，東京湾の埋立地は災害の危険性が高いエリアである点にも留意が必要である．特に，江東デルタ地帯はかつて河口部の低湿地帯だった場所であることや大地を厚く覆っている軟弱な沖積層が地下水の揚水などによって地盤沈下を引き起こしてきたため，場所によっては平均海面マイナス3m以下に住宅地が密集する低平地帯が広がっている．このため他のエリアと比べると洪水や高潮など水害の危険性が高い．高潮に関しては，1917（大正6）年と1938（昭和13）年の台風で各々2.3mと2.2mの高潮が発生しているが（宮崎，2003），それ以降，現在に至るまで2mを越える大きな高潮は発生していない．高潮対策として東京の沿岸域・低地帯では，1959（昭和34）年の伊勢湾台風を想定した防潮堤が築かれており，例えば，隅田川ではA.P.+6.4〜6.9mの防潮堤（俗称カミソリ護岸）が整備されている．また，戦後急速に埋立が行われてきた地点では地盤が十分に締め固まっておらず，液状化など地震被害の危険性も高い．2011（平成23）年の東日本大震災では震度5強の揺れにより浦安や新木場，辰巳など臨海部で液状化による大きな被害が発生している．

　東日本大震災では，東京湾奥で津波による大きな被害は発生しなかったものの，気象庁晴海検潮所で1.5mの津波高が観測されている他，隅田川においてもテラス上への浸水が発生し，1.43〜1.46mの津波痕跡が確認されている（Sasaki *et al.*, 2012）．これは，1991（平成3）年の東京都防災会議により想定された隅田川・荒川河口部での津波高1.2mを越えるものであった．

〔高木泰士〕

■3 2010年10月に供用が開始された羽田空港D滑走路：手前側が桟橋構造，奥側が埋立のハイブリッド工法で建設された．(2011.1 撮影)
View of the newly constructed runway at Haneda Airport, with a hybrid structure of jetty and land reclamation

■4 東京湾の人工海浜（お台場海浜公園，2011.11 撮影）
View of the artificial beach in Tokyo Bay (Odaiba Beach Park)

■5 2011（平成23）年東日本大震災による埋立地の液状化被害（震災翌日3月12日江東区辰巳にて撮影）
Liquefaction caused by the earthquake on March 11, 2011 (Koutou-ku, Tokyo)

東京湾の埋立地

14 沖ノ鳥島
Okinotorishima Island

Okinotorishima Island, the southernmost island in Japan, is a table reef 4.5 km east to west and 1.7 km north to south with two islands above sea level. It is isolated from other islands and thus possess 400,000 km^2 of Economic Exclusive Zone. The reef landform consists of a reef flat with a reef crest reaching low water level surrounding a shallow lagoon with a maximum depth of 5.5 m depth. The islands are threatened to be submerged by sea level rise induced by the global warming, in the same way as other atolls around the world.

　沖ノ鳥島は，東京都小笠原村に属する，北緯20度25分に位置する日本最南端の島である（■1）．東西4.5 km，南北1.7 kmの卓礁で，礁内には高潮位上に北小島と東小島の2島が存在する．もっとも近い北西の沖大東島から670 km，北東の硫黄島から720 km離れているため，その周囲に40万km^{2}の排他的経済水域（EEZ）を有する（■2）．

　沖ノ鳥島は，九州からパラオまで南北に連なる九州-パラオ海嶺の中央にあり，パラオ以外では唯一海面に達している．この海嶺は，沈み込む太平洋プレートの上盤側に形成された火山島弧だったが，沈み込みの位置が現在の伊豆-マリアナまで後退し，その支えを失って水没しつつある．火山島の水没に伴って，厚さ1500 m以上のサンゴ礁石灰岩が堆積して沖ノ鳥島をつくった．現在のサンゴ礁地形は，後氷期の海面上昇に追いついて，過去7800年ほどの間につくられ，地形は海側から外側斜面，礁嶺，浅礁湖からなる．外側斜面は，急傾斜で水深3000 m以上の海洋底まで落ち込む．礁嶺は北側と東側で200〜300 mと幅広く，大潮の低潮時に干出する．浅礁湖は水深が最大5.5 mで，径数mから10 m，比高が1〜5 mのサンゴ被度の高いパッチ礁が分布する．

　同島には，93種のサンゴが生育している（Kayanne et al., 2012）．種数は，沖ノ鳥島南方のパラオ諸島（209種）や，より高緯度の琉球列島（八重山諸島で368種，奄美諸島で226種）より少ない．構成するサンゴは，北西太平洋の熱帯・亜熱帯群集に含まれるが，周辺のどの海域とも似ていない独特の構成であり，一部遺伝的に他の海域とは異なる群集も認められた．サンゴの種類が少ないことは，同島が孤立しておりサンゴ幼生加入の機会が乏しいことと，波浪環境が厳しい同島には静穏な環境を好む種が棲息できないことによって説明される．同島のサンゴ相は，孤立した島の貴重な群集を維持しており，その詳細な調査・保全が必要である．

　沖ノ鳥島は，今世紀の海面上昇で水没してしまう危機にある．EEZの起点となる沖ノ鳥島を水没の危機から救うために，現在ある島の保全とともに，海面上昇に対して自然の島の自然の形成力を活用して島を維持する方策を考えなければならない．卓礁上の島は，サンゴ礁がつくった土台の上に，礁嶺の縁で砕けた波浪が，サンゴや有孔虫などの生物の石灰質のかけらを運んでつくられる．こうした物理・生態学的な島の形成メカニズムを解明して，それを島の保全・維持のために促進する新しい生態工学的技術の開発が期待される．沖ノ鳥島ではすでに，サンゴの大量増殖技術開発が進められ成功した（■3）．沖ノ鳥島海面上昇による島の水没は，太平洋に400ある環礁の島々と共有する課題である．沖ノ鳥島で生態工学的な島の創成技術を構築して，それによって環礁国家を水没の危機から救うことができれば，我が国のEEZを越えて国際公益に資するであろう．

［茅根　創］

■1 沖ノ鳥島（東京都撮影）
Okinotorishima Island (photo by Tokyo Metropolitan Government)

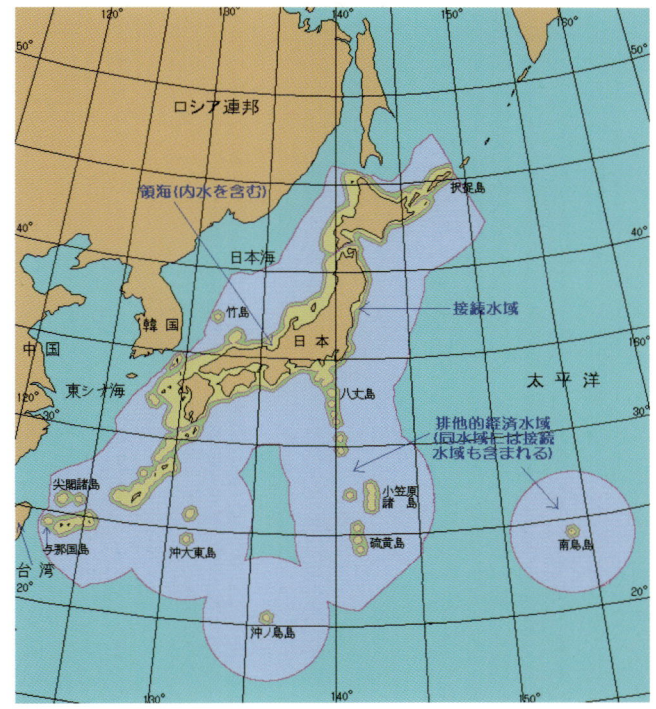

■2 日本の領海と排他的経済水域
黄色：領海
黄緑：接続水域
紫：排他的経済水域（接続水域も含む）
（環境省・日本サンゴ礁学会，2004）
Maritime border and Exclusive Economic Zone of Japan

■3 沖ノ鳥島における稚サンゴ移植（水産庁撮影）
Transplantation of juvenile corals (photo by Fisheries Agency)

沖ノ鳥島

15 秋谷海岸（久留和地区）
Akiya Coast (Kuruwa Area)

Akiya Coast is the first coast that was artificially nourished with gravel in Japan. Coastal erosion started in the early 1970s due to the short supply of sand to the coast. The sandy coast started to gradually erode after the completion of a breakwater at a fishery port in 1980s and intensified after 2000. Gravel nourishment started from 2006 after three years of discussions of consensus formation meetings consisting of coastal engineers, local residents, fishermen and members of environmental groups in the area. The median diameter of gravels is 15 mm and the total amount of nourished gravel was 80,000 m^3 placed during a six-year period. Now the coastline is stable with gravel distributed along the shoreline in the area.

　秋谷海岸久留和地区は三浦半島の西岸，神奈川県横須賀市に位置し，相模湾に面する．御用邸のある葉山海岸からは長者ケ崎を挟んで南側にあり，長者ケ崎と久留和漁港に挟まれた長さ3kmほどのポケットビーチである．久留和漁港，砂浜海岸である久留和海水浴場，鉄を含む黒い海浜砂，岩石海岸を代表する井戸石，かつての海食崖である大崩，長者ケ崎など，狭い海域にいくつもの要素を備えた，美しい海岸として有名である．

　1970年代から長者ケ崎側の砂浜での汀線の後退が始まっていた．1980年代には久留和漁港の防波堤の整備が進んでいた．その後，2000年代の初頭から久留和漁港内に漂砂が堆積し，一方で海岸の海岸中央部で侵食が急速に顕在化することとなった．毎年のように砂浜とその岸側にある崖の侵食の事例が報告され，海岸を通る国道134号線の斜面が崩落し，片側通行を余儀なくされたこともあった．台風通過時の大波で近隣の住宅に被害が及ぶこともあり，長期的な侵食対策が行われることとなった．2003年10月から2006年2月にかけて行われた専門家，地元住民，漁業協同組合，利用者・市民団体，行政担当者などを構成員とする協議会（合意形成会議）の計10回に及ぶ議論を経て，離岸堤，人工リーフ，ヘッドランドなどの沖合構造物を建設することなく，礫養浜を行うこととなった．その際，イギリス・南イングランド海岸の礫養浜の経験を参考にしている．

　日本の海岸における礫養浜の先駆けとして，中央粒径15 mmの礫を用いた礫養浜を2006年秋から海岸の中央部分から開始した．6年間にわたって毎年少しずつ実施し，全体では8万m^{3}程の礫を投入する予定で，現在は海浜の形状は安定している．礫養浜では，沖方向への礫の流出は少ないが，沿岸方向の移動は起こるため，礫浜を維持するには，地形の計測に基づいて，沿岸方向の礫の再配置（リサイクル）を長期間にわたって，数年に1度程度継続して実施していく必要がある．

　■1は養浜礫が置かれる前の海岸の状況で，急激な海岸侵食に対応する緊急の措置として消波ブロックを海岸において，侵食を防いでいる．この時期には砂浜は完全に失われている．■2は養浜後の海岸の全体を俯瞰したもので，養浜した礫が海岸全体にバランスよく広がっている様子が解る．局所的に見ると■3に示すように所によっては1/5を超える急勾配の海岸になっており，粒径の大きな礫を養浜材として用いた場合には，結果として前浜は急勾配になることをあらかじめ踏まえておく必要がある．一方で，■4に示すように，前浜には，汀線付近にできる沿岸方向の部分重複波（エッジ波）の影響下でリズミックな地形（サンドカスプ）が形成されるなど，新しい海岸景観が広がっている．

［柴山知也］

■1 養浜礫が到達する前の海岸（2009.10）
Coast before gravel nourishment (Oct. 2009)

■2 養浜後の海岸の全体像（2011.10）
Coastal view after gravel nourishment (Oct. 2011)

■3 養浜後の急勾配の海岸（2011.10）
Steep slope at shoreline after nourishment (Oct. 2011)

■4 養浜後の海岸に形成されたカスプ（2011.10）
Beach cusps after nourishment (Oct. 2011)

秋谷海岸（久留和地区）

49

藤沢海岸
Fujisawa Coast

16

Fujisawa Coast is formed of a 5.2-km-long sandy beach located at Kanagawa prefecture facing the Pacific Ocean. The sand is supplied from Sagami River and moves eastward due to longshore sediment transport. The coast consist of Katase-higashihama, Katase-nishihama (East side) and Tsujido areas (West side), with the beach topography in both areas being either stable or showing a deposition trend over time. The coast is famous for bathing and marine sports, and millions of people come to it not only summer but also during the other seasons. Moreover, Kastase-nishihama area forms the entrance to Enoshima Island.

　神奈川県相模湾に面する藤沢海岸は，陸繋島である江の島の東方約 0.6 km から江の島の西方に位置する辻堂までの約 5.2 km の砂浜海岸である．江の島のたもとの境川から東方を片瀬東浜地区，また，境川から約 1.6 km 西方の引地川までを片瀬西浜地区，それよりも西側を辻堂地区と呼んでいる．この砂浜は，境川から西方約 11 km に位置する相模川から供給された砂が，波や流れにより東方（境川方向）に運ばれ形成された海岸であり，神奈川県により管理されている．砂浜は重要な国土であるだけでなく，自然が造形した海岸保全施設とも言うべき優れた消波機能を有している．藤沢海岸の砂浜は現在安定・堆積傾向にあることから，この消波機能を有している海岸と言える．2007 年 9 月に来襲した台風 9 号により，境川から西方約 17 km の大磯海岸西部にて西湘バイパスが約 1 km にかけて被災した．しかし，安定・堆積傾向を示す藤沢海岸では，海底勾配が緩いこともありほとんど地形変化は生じなかった．神奈川県における海岸保全は，「砂浜の回復・保全」を最も効果的な海岸保全対策としており，将来にわたり「美しいなぎさの継承」を図ることを目指し，砂浜の回復・保全のために，山から川，海へとつながる流砂系全体の保全に努めることを基本理念としている（神奈川県，2010）．

　明治中期までこの藤沢海岸一帯は，地曳網の漁場のみがある地域であった．その後，東海道線開通による藤沢駅の開設，さらに，江ノ島電鉄の開通により沿岸部周辺の開発が進んでいった（藤沢市観光協会，1986）．また，1929 年に小田急電鉄江ノ島線，1970 年には湘南モノレールが開通し，現在，片瀬西浜・東浜海水浴場，および辻堂海水浴場は，年間約 400 万人の海水浴客が訪れる観光地となっている．さらに，この海岸一帯では年間を通してサーフィン，ウインドサーフィンなどのマリンスポーツも盛んに行われている（藤沢市，2011）．

　片瀬西浜・東浜地区は交通機関の便がよく，江ノ島電鉄江ノ島駅や小田急線片瀬江ノ島駅，湘南モノレール湘南江の島駅から徒歩圏内であり，また，江の島への入り口としても利用されている．この地区は海水浴場のみならず，片瀬西浜背後に立地する新江ノ島水族館，江の島にある江島神社，江の島シーキャンドル（江の島展望台），岩屋などの見所が多々あり，1 年を通して多くの観光客が訪れている．一方，辻堂地区には辻堂海水浴場が整備されているほか，その背後には県立辻堂海浜公園が広がっている．この地区の海岸一帯の砂浜には砂防柵が設置され，さらにその陸側には砂防林が整備されている．これらにより，特に 10 月から 4 月にかけての強い南西風に伴う飛砂や塩害，強風からその背後に隣接する住宅地を守っている．また，この砂防林沿線には地域へのうるおいとやすらぎの場の提供を目指し，散策路や休憩広場が整備されている．

［鈴木崇之］

■ 1 江の島シーキャンドル（江の島展望台）からの眺望：中央の境川の左（西）側の砂浜が片瀬西浜地区，境川の右（東）側の砂浜は片瀬東浜地区．（2011.1 撮影）
　View from "Enoshima Sea Candle" (Enoshima observation tower)

■ 2 片瀬西浜地区引地川寄りにて沖を望む：マリンスポーツが盛んに行われている．（2011.12 撮影）
　Offshore view from Hikichi River side of Katase-nishihama area

■ 3 辻堂地区より西方を望む：砂防柵が設置されており，また，そのさらに陸側には砂防林が整備されている．（2011.12 撮影）
　West side view from Tshujido area

藤沢海岸

新潟海岸
Niigata Coast

17

Niigata Coast is made up of a 29 km long sandy beach facing the Sea of Japan, located near Shinano River mouth (the largest river in Japan), which flows through the central part of Niigata Prefecture. The Niigata coastline has been severely eroded as the large amount of sand discharge that used to reach the coast has diminished. The reasons for this can be found in the excavation of the Shin-Shinano River in 1923 to form a floodway for Shinano River, and the extension of the breakwater at Niigata Nishi-Port. In the 1960's the erosion of the Niigata coastline became more severe because of ground subsidence due to the extraction of a large amount of underground water containing natural gas. In order to protect Niigata Coast from erosion various protection works have been carried out.

　新潟海岸は，新潟市の日本海側に面した砂浜海岸で，東は新潟東港のある聖籠町から角田岬までの延長約29 kmにも及んでいる．この新潟海岸には，日本一の長さの信濃川と日本最大級の年間河川水流量が流れる阿賀野川の2大河川が注いでおり，これらの河川によって形成された砂浜海岸である．新潟海岸の背後には，最大で10列もの砂丘が発達しており，その高さも最高で50 m以上にも達している．新潟平野は，これら砂丘によって縁取られた平野で，背後の潟湖（ラグーン）が信濃川と阿賀野川によって運ばれてきた土砂によって埋立てられた広大な平野である．

　信濃川河口には，開港5港の一つとして日本海側で唯一選ばれた新潟港が1868年に開港し，外国船が出入りしていたが，信濃川の多量の土砂のため埋没が激しく，港としての機能が著しく低下していた．これを防ぐ目的で1896年より河口左岸に突堤が建設され，河口改修工事などが行われた．一方，新潟平野には海岸砂丘背後に低湿地が広がり，信濃川の氾濫により，度々浸水被害を受けていた．これらの問題を解消するために，1909年より1922年にかけて大河津分水が開削され，洪水流を直接分水に流すようになった．しかしながら，1927年に大規模な洗掘と河床低下により大河津分水の自在堰は沈下・倒壊し，信濃川上流の水はほとんどが分水側へ流出するようになった．事故当時は灌漑期であったために，直ちに応急工事が行われ，新たに自在堰上流100 mの位置に可動堰が建設されることになり，1931年に完成した．以降現在に至るまで，信濃川中上流の洪水は，すべて大河津分水に流されるようになった．このことにより，新潟平野の洪水被害はかなり減少し，沼地のようであった水田も乾田化されるに至り，水稲の収穫高も著しく増加した．

　しかしながら，大きな洪水が河口の新潟市側に流入しなくなると，洪水によって運ばれる土砂の大部分も流れてこなくなり，河口防波堤の影響もあり信濃川河口付近の海岸は著しく侵食され始めた．それを防ぐ目的で1933年より新潟県によって海岸欠壊防護工事が実施されたが，抜本的に海岸の侵食を防止することはできなかった．さらに1955年以降，水溶性天然ガス採取目的で多量の地下水を汲み上げたために，地盤の圧密による地盤沈下が海岸部を中心に発生し，大きいところで2 m以上も地盤沈下が発生した．このことにより，より一層海岸侵食が進み，1965年頃には河口近くの水戸教浜の海岸線が最大350 m以上も後退した．このように新潟海岸は，河川からの供給土砂の減少，沿岸漂砂の遮蔽および地盤沈下という複数の要因により激しい海岸侵食が生じた海岸であり，その侵食規模は全国的に見ても最も顕著であった．

　このような激しい海岸侵食に対して，消波ブロックを海岸線に対して平行に設置して，波浪を消波させて砂浜を守ろうとする離岸堤工法が採用された．1980年頃まだ砂浜が少し残っていた

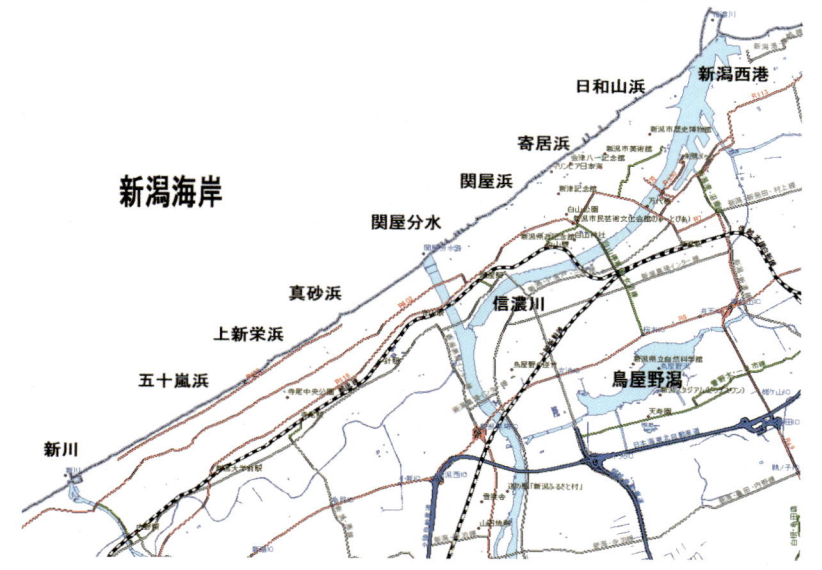

■1 新潟海岸の位置と浜の名称（地図：中央グループ（株）社製）
Locations of Niigata Coast and names of beaches

■2 日和山浜の大規模突堤：沖合いの白く砕波している位置に大規模潜堤があり，それと大規模突堤により砂浜の流失を防ぐ役割を担っている．
A large groin at Hiyoriyama Beach. A large submerged breakwater was constructed under water where white capping can be seen to occur in the offshore region. A stable beach was created between two large groins.

■3 大規模突堤間の養浜された砂浜
A sandy beach was created through artificial beach nourishment between two large groins.

関屋分水から新川河口までの海岸（■1）には，この工法は有効に機能し，離岸堤の施工により砂浜が回復してきた．しかしながら，侵食の激しかった新潟西港防波堤から関屋浜にかけては土砂流出量が大きく，砂浜の回復は難しく将来的には離岸堤や護岸の倒壊が懸念されていた．そこで，海岸を線として守るのではなく，大規模潜堤と突堤および人工的に土砂を運び入れる養浜を行い，いわゆる面的防護工法[*1]が採用され，1985年より施工されて3番目の工区まで完了している（■2，3）．この工事により砂浜が回復し，夏季にはビーチバレー大会や様々な行事が行われている．また，寄居浜から関屋浜にかけては，人工的な岬（突堤＋横堤）を設置して，土砂の動きを止めて砂浜を防護するヘッドランド工法[*2]あるいは人工岬工法[*2]と呼ばれる工法が実施されている（■4）．この工法は，人工岬の間に湾曲した砂浜を形成して，海浜を安定化させるもので，構造物の設置間隔がこれまでの離岸堤に比べて長くとれ，海に向かって正面の水平線を遮らないという利点を有している．沖合いの土砂流失防止工と養浜がなされれば，砂浜が再生される日は遠くないであろう．

関屋分水河口左岸側は，強い流れと護岸からの反射波の影響もあり，■5に示すように砂浜は回復していないが，それより南西側の有明浜に至る海岸では，砂浜は回復してしており，夏季には新潟市民の海水浴場として賑わいを見せている．信濃川河口より9km地点の真砂浜では，飛砂によって背後に砂丘が形成されており，近年では砂浜が徐々に侵食される傾向となっている．この砂浜の侵食の一因には，飛砂による砂の損失も考えられている．新潟海岸では，飛砂による砂の損失は，5000 m^3/1 km/年以上にもなることがあり，飛砂の有効利用も検討する必要がある．

新潟市の西部域の新川河口から角田岬にかけての長大な砂浜は，最近の10年間で著しい汀線の後退が生じている．この海岸も信濃川から運ばれてきた土砂によって形成された砂浜で，年間の大きな波浪の波向きから判断して，土砂は新川河口から角田岬の方向に平均的に移動していると考えられる．最も上手の新潟島の海岸の侵食対策が進んだこと，および新川漁港および巻漁港による沿岸方向に移動する土砂（沿岸漂砂）の遮蔽などにより，南西方向への移動土砂量が減少してきたことが侵食の増大に関係している．このことから，新潟海岸全域での土砂の動きと収支を明らかにし，それらを考慮したサンドバイパス工法[*3]およびサンドリサイクル工法[*4]などの中長期的な対策が必要となっている．

［泉宮尊司］

[*1] 面的防護工法： 潜堤あるいは人工リーフ，突堤および養浜を組み合わせた工法で，沖合いの構造物と砂浜の両方で波エネルギーを徐々に減衰させる工法をいう．
[*2] ヘッドランド工法： 人工岬工法とも呼ばれる．構造物などを用いて人工的に岬を設置して，その間に囲まれた砂浜を安定的に維持する工法をいう．自然の岬に囲まれたポケットビーチが安定であることからヒントを得編み出された工法である．
[*3] サンドバイパス： 沿岸漂砂を阻止している構造物の上手側に堆積している土砂を，その構造物の下手側に人為的に移動させて漂砂の連続性を確保し，下手側の侵食を軽減する工法である．
[*4] サンドリサイクル工法： 流れの下手側の海岸に堆積した土砂を，侵食を受けている上手側の海岸に戻し，砂浜を復元する工法をいう．

■ 4 関屋分水右岸側の人工岬（ヘッドランド）を望む：横堤背後には，浅瀬が広がり湾曲した砂浜が形成されつつある．

An L-shaped headland on the right-hand side of the Sekiya Bunsui floodway: A curved sand bar where waves are breaking is forming behind the artificial headland.

■ 5 関屋分水河口から有明浜を望む：分水左岸側近傍では砂浜はなくなっているが，それより西側では砂浜が形成されている．

View of Ariake Beach from the Sekiya Bunsui floodway: A sandy beach recovered where the detached breakwaters were constructed, however, it has disappeared in the vicinity of the Sekiya floodway mouth.

■ 6 真砂浜（河口より9km地点）：離岸堤により砂浜が回復しているが，近年では上手側からの土砂の供給量が減り侵食傾向にある．

Masago-hama Beach located 9 km from Shinano River mouth: The shoreline recovered behind the detached breakwaters. In recent years, the beach has gradually eroded because littoral drift has been decreasing.

新潟海岸

18 千里浜海岸 — 波打ち際のドライブルート（千里浜なぎさドライブウェイ）
Chirihama Beach

Chirihama Beach is located in the middle north coast of Japan on the Japan Sea. The sediment consists of fine sand and the beach slope is small. The typical seabed profiles are characterized by the presence of multiple sandbars. The long sandy beach can be used as a driveway by automobiles, and is thus referred to as the 'Nagisa Driveway'. The length of the driveway is approximately 8 km, and tourists enjoy driving on the beach from spring to autumn. Recently, the beach has been suffering from serious erosion problem and countermeasures have been discussed by the local government from an interdisciplinary point of view.

　石川県の海岸線延長は約584 kmであり，通常，加越海岸，能登外浦海岸，能登内浦海岸の3つの地域に区分される．加越海岸は，福井県境から能登半島の付け根にあたる富来町高岩岬までの区間に位置する海岸の総称である．加越海岸の大部分は手取川から供給された土砂により形成された砂浜海岸であり，背後に砂丘を有するものが多い．能登外浦海岸は，高岩岬から能登半島先端の禄剛崎にかけて日本海に面した海岸であり，その多くは岩礁海岸である．能登内浦海岸は，禄剛崎から富山県境までの海岸を指しており，穴水湾や九十九湾などのリアス式海岸を含んでいる．

　千里浜海岸は，加越海岸の北端付近に位置し，能登有料道路今浜インターチェンジから羽咋川河口付近に続く延長約8 kmの遠浅の砂浜海岸である．砂粒の直径が0.15 mm前後と他の海岸に比べると小さいため，以前は，「塵浜」と呼ばれていたものが，1927年より，現在の「千里浜」という名称に改称されている．夏季には，ちびっ子駅伝の会場になり，千里浜砂まつりが開催されるなど，地元の人々の憩いの場として多くの人々を楽しませている．水面下の海底地形の特徴を見ると，水深5 m前後の領域において大規模な沿岸砂州（海岸線とおよそ平行に発達する浅瀬）が3段，4段に発達しており，自然の防波堤として機能するとともに，稚魚稚貝の生息域となっている．また，海岸の背後に大規模な海岸砂丘が発達していることも特徴的である．

　千里浜海岸は，車両の走行が可能な「千里浜なぎさドライブウェイ」を有する海岸として全国的に知られており，夏季には関西方面を中心に全国から多くの観光客が訪れる．このように車の走行が可能な海岸として，米国のデイトナビーチ，ニュージーランドのワイタレレビーチがあるが，国際的観点からも極めて希少な存在である．なぎさドライブウェイは，全国でも珍しい「砂浜の道路」として認定されており，浜には道路標識も設置されている．四輪駆動車でない，普通乗用車や観光バスでの走行が可能であり，初めて観光バスが千里浜を走ったのは1955年の夏である．車両通行が可能な走行帯を安定して確保できる理由として，砂浜が緩勾配であり，砂粒子の粒が小さく大きさが揃っているため，適度な地下水位の条件下で晴天時でも湿った状態を保って締め固めがよいこと，ならびに，潮汐の干満差が小さいことなどを挙げることができる．

　千里浜海岸は，能登半島国定公園の一部であり，日本の渚百選にも選定されるなど，風光明媚な砂浜海岸として多くの観光客を魅了してきた．しかしながら，近年，砂浜幅の縮小が顕著になり，年間1 m程度のペースで浜幅が減少している．高波によるなぎさドライブウェイの通行規制も年々回数を増す傾向にあり，現在，石川県では，千里浜再生プロジェクト委員会を設置して，保全対策の検討が行われている．

［由比政年］

■1 千里浜海岸の航空写真（羽咋市ホームページより）
Aerial Photograph of Chirihama Beach

■2 なぎさドライブウェイの走行車両（2011.11.5，由比政年撮影）
Various automobiles driving on the Nagisa Driveway

■3 なぎさドライブウェイと道路標識（2006.7.19，由比政年撮影）
Traffic sign on the Nagisa Driveway

■4 海水浴客で賑う千里浜海岸（羽咋市ホームページより）
Summer Tourists visiting Chirihama Beach

千里浜海岸

19 気比の松原海岸と和田・高浜海岸
Coasts of Wakasa – Kehi-Matsubara Beach and Wada-Takahama Beach

There are many beautiful coasts along the Wakasa gulf located in the south part of Fukui prefecture. Along these coasts, there is the beautiful beach of Kehi-Matsubara, which has one of the best three pine forests in Japan, covered by the slightly transparent light brown sand, where 440,000 people a year can enjoy the area. Mizushima in Tsuruga is a small uninhabited island where 20,000 people a year also enjoy swimming in the summer season. Wada-Takahama coast, located in the western part in Wakasa bay, is another beautiful beach covered in white fine sand where 300,000 people a year enjoy swimming and other marine sports in summer.

　福井県は本州最長の北陸トンネルを境にして，嶺北の越前と若狭湾に面した嶺南の若狭に分かれている．嶺北の海岸は，石川県境近くに高さ25 mの輝石安山岩の断崖絶壁である東尋坊があるが，それより南西は単調な海岸線であるため，海岸線延長は74 kmと比較的短い．これに対し嶺南は，若狭湾の中にいくつもの小さな湾があり，その各湾がさらに多くのポケットビーチを持つというフラクタル構造のようなリアス式海岸となっているため，総延長は338 kmと長い（福井県海岸保全基本計画）．

　この若狭湾の北端には敦賀湾があり，湾奥の笙の川と井の口川に挟まれた約1.5 kmの区間の約40万 m^2 に，赤松や黒松など約1万7000本からなる「気比の松原」がある．この松原は古くは氣比神宮の神領であったが，現在は国有林であり，静岡県の三保の松原および佐賀県の虹の松原とともに，日本三大松原の一つと称されている．松林から渚までの後浜の幅は約40 mで，透明感のある薄茶色の美しい砂に覆われている．砂の平均粒径は約2 mmで，海底は1/10程度のやや急な勾配であるが，浅い所は砂礫質で深い所は粘土質であるため，種々の魚が生息しており，観光用の地引網を楽しむことができる．波は有義波高が1 m以下と穏やかであり，観光客は海水浴客や夏の「とうろう流し」と大花火大会の参加客を含めると，年間44万人になる（■2）．

　湾の東側には水深14 mのコンテナバースを持つ敦賀港があり，明治時代からアジア貿易の拠点港となっているが，1920年代にはポーランド孤児763人が，また1940年にはリトアニア領事代理の杉原千畝が発行した「命のビザ」に救われたユダヤ人難民6000人が，ウラジオストクからの船で到着した人道の港でもある（人道の港 敦賀）．もとより敦賀（角鹿）の名は，『日本書紀』に記された「崇神天皇への朝貢に訪れた朝鮮半島の意富加羅国の都怒我阿羅斯等王子」に由来するとされており，敦賀の地の国際的な歴史の深さがうかがえる（敦賀観光）．

　一方，敦賀湾左端の明神崎には北陸のハワイと称される「水島」がある（■3）．島の面積は約1万5000 m^2 という小さな細長い無人島であるが，夏季は，対岸の「色ヶ浜」と「浦底」から出る連絡船が，2万〜3万人の海水浴客をピストン輸送している（敦賀観光）．

　岬の西側は美浜地区となり，丹生，竹波，水晶浜，ダイヤ浜，久々子海岸などの美しい海水浴場が連なっており，いずれも澄んだ海水を満喫することができる．この西の三方地区の常神岬の付け根に，久々子湖，日向湖，水月湖，菅湖，三方湖の5つの湖がつながった三方五湖がある．このうち海に近い日向湖は塩水湖，久々子湖は半塩半淡であり，菅湖と三方湖は水月湖につながる淡水湖である．しかしこの3つの淡水湖からの溢水氾濫を防ぐために，江戸期に人工的に久々子湖と日向湖を水月湖につないだことから，これらは連結する五湖になり，そのため生息する魚

■1　若狭の海岸の地図
The map of Wakasa Coast

■2　敦賀の気比松原海岸（2010．石田啓撮影）
Kehi Matsubara Coast in Tsuruga (Taken by Hajime Ishida in 2010)

■3　敦賀の水島（敦賀市提供）
Mizushima in Tsuruga (Photo courtesy of Tsuruga city)

気比の松原海岸と和田・高浜海岸

類は，好みの塩分の湖域に住み分けるという興味深い状態を呈するに至った．

そこから世久見湾と黒崎半島を経て内外海半島へと西進すると，小浜湾へ入る．湾のほぼ中央に在る小浜市は，古くは大陸からの京の都への玄関として栄えた所であるが，湾の東側の内外海半島の先端には，■4に示す花崗岩の奇岩・洞窟・断崖が6kmにわたって続く蘇洞門があり，小浜港から遊覧船が出ている．湾内の西部には，人工海浜である鯉川海水浴場と長井浜海水浴場があり，夏季の海水浴客で賑わっている．湾の西側の大島半島を回ると，■5に示す和田・高浜海岸が現れる．

■5の右下（東端）には和田マリーナと和田港があり，その西が和田浜である．浜幅は200mの大きな海水浴場になっており，浜ではビーチスポーツが行われている．湾の中央には葉積島があり，背後の松林（青の松原）を守るために構築した自然石による離岸堤によりトンボロが発達している．松林はキャンプ場として有効利用されており，西に続く白浜，鳥居浜，城山海水浴場などを総じて高浜海岸と呼ぶが，海水浴とともに，水上バイクやサーフィンなどのマリーンスポーツを楽しむことができる．この和田・高浜海岸の波は極めて穏やかであり，砂の平均粒径は0.2～0.3mmと細かく，海水浴に適した遠浅海岸である．砂は細かく砕けた貝殻が混入しているため，太陽の下では白く輝いて美しく，その砂浜から西にそびえる標高700mの青葉山（若狭富士）を望む景観は，「日本の水浴場88選」の中でも際立って優れている．西端の岬にある城山海水浴場には，波に穿たれた丸い穴の向こうの海があたかも鏡に写った海のように見えるという「明鏡洞」があり，さらにその西に若宮海水浴場などが内浦半島の付け根にまで続くが，特に西端にある長さ500m程の難波江海水浴場は，石川県の千里浜と同様に砂浜を自動車で走行できる海岸である．海水浴客数は，1974（昭和49）年の最盛期には150万人であったがその後は漸減し，近年では年間30万人程度にまで減少しているため，観光振興のためにはこの減少理由の検討が必要であろう．この湾を西に越えると，京都府の舞鶴に至るが，若狭の海岸は，このように個性豊かな海岸が曲がりくねった鋸の刃のように，次々と連続してつながる風光明媚な海岸である．

このように，優れた景観を有する海岸は，レジャーや憩いの場として重要であるが，一般に海域の使用目的は多様であり，海産資源の確保には漁港が，また船舶貿易には貿易港が不可欠である．これらの港の拡張工事に際して大きな防波堤を建設することがあるが，これが来襲波の波向きに影響を与えるため，自然の砂浜形状に大きな変化を与える場合がある．このような産業振興と自然地形保護というジレンマは若狭湾内でも生じており，これらの解決に向けた研究が期待されている．

［石田　啓］

■ 4 蘇洞門 (福井県観光連盟提供)
Photo of Sotomo downloaded from http://www.fuku-e.com/

■ 5 和田・高浜海岸の航空写真 (高浜町提供)
Aerial photo of Wada-Takahama Coast (Photo courtesy of Takahama town)

■ 6 和田・高浜海岸と青葉山 (高浜町提供)
Wada-Takahama Coast and Mount Aoba (Photo courtesy of Takahama town)

気比の松原海岸と和田・高浜海岸

20 駿河湾の海岸
Numazu-Fuji Coast along the inner Suruga Bay

Numazu-Fuji Coast along the inner Suruga Bay is recognized as barrier-backswamp system. The coastal barriers consist of sand and gravel mainly supplied from Fuji River. Suruga Bay is situated at the plate boundary where the Philippine Sea Plate is being subducted beneath the Eurasian Plate along the Suruga Trough. Since the 1960's coastal erosion, caused by the decrease of sediment supply from the rivers, became a serious problem. Thus seawalls were constructed as a form of damage control against coastal erosion, high waves and tsunami. The former costal barriers were buried beneath the backswamp—the Ukishimagahara lowland. Those began to develop around 7,000 years ago during a period of rising sea-levels. The Megazuka archaeological site is located on the former coastal barrier.

　駿河湾奥に面する静岡県の沼津・富士海岸は，東側の狩野川河口と西側の富士川河口の間の長さ約20 kmにわたる砂礫の浜である．砂礫の多くはフォッサ・マグナに沿って流れる富士川から供給され，駿河湾を西から東に向かう沿岸流によって運ばれてきたものである．一方で，狩野川河口周辺の海岸には，伊豆天城山を起源とする狩野川，および富士山東麓から流れ出す狩野川支流の黄瀬川によって運搬された火山岩礫も分布する．現在の海岸の背後には，海岸線に平行する砂礫州の高まりが見られるが，その上には風成砂が堆積して千本松丘や田子の浦砂丘などの海岸砂丘を形成している．これらの砂丘は防風林である松林に覆われており，かつての東海道（現在の国道1号線）はこの上を通る．

　駿河湾の海底地形は極めて急峻であり，その中央部には最大水深が2000 mを越す深い谷が南北方向に走っている．この海底の谷は駿河トラフと呼ばれる．ここは，フィリピン海プレートがユーラシアプレートの下に沈み込むプレート境界にあたり，東海地震の震源域と考えられている．太平洋に広く開いた駿河湾では，湾奥部にも太平洋からの波浪の影響が直接及び，台風などによる高波の被害をしばしば受けてきた．また，海岸に供給される河川起源の土砂量が減少してきたことや，海岸部に港や放水路が建設されたことによって，1960年代頃から海岸侵食が進むようになった．さらに，駿河トラフと南海トラフを震源域とする巨大地震（東海・東南海・南海地震）による津波被害も想定されている．したがって，現在では高波・津波対策として防潮堤が建設され，海岸侵食対策では消波堤・離岸堤の設置や，砂礫を運び入れて海浜の幅を保つ養浜工事などが実施されている．

　現在の海岸砂礫州の背後には浮島ヶ原と呼ばれる低湿地が広がるが，ここは長い間，沼地が残る排水不良の土地であった．江戸時代初期からは新田開発によって耕地が広がり始めたが，本格的な土地改良が進むのは，1943年の昭和放水路と1963年の昭和第2放水路の完成以降である．浮島ヶ原の低湿地を構成する泥炭層の下には古い海岸砂礫州とそれを覆う砂丘が埋没しており，その上からは雌鹿塚などの弥生時代の住居址が発見されている．この土台となる砂礫州が形成され始めたのは，地球規模の海面上昇の影響などで愛鷹山の麓まで海が侵入していた縄文海進最盛期の7000年前頃である．この海面上昇は，少なくとも過去100万年間にわたって継続してきた約10万年周期の地球規模の気候変化（氷期・間氷期サイクル）の中で，最新の氷期（最終氷期）が終わった後の気温上昇過程に対応して起こったものである．

［松原彰子］

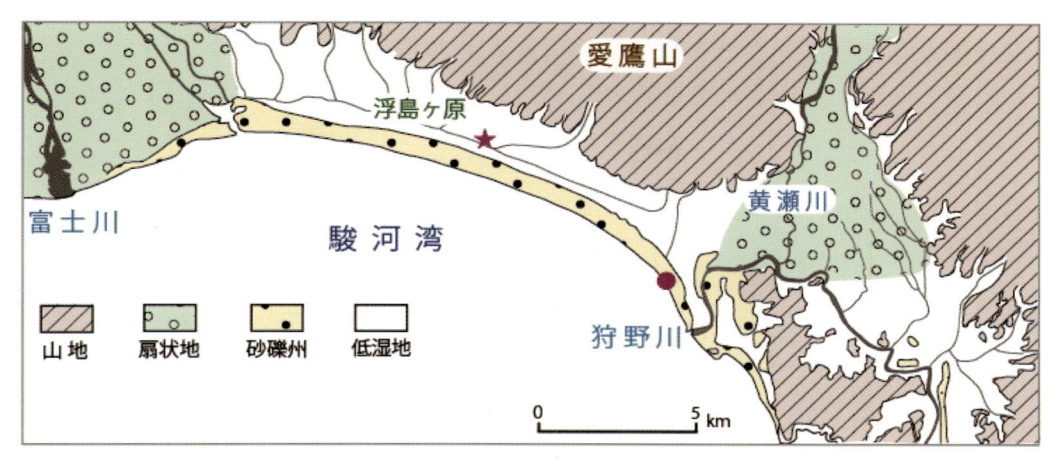

■1 駿河湾奥の沼津・富士海岸周辺の地形：●は■2，★は■3のそれぞれの撮影地点を示す．
Landforms of Numazu-Fuji Coast along the inner Suruga Bay

凡例：山地／扇状地／砂礫州／低湿地

■2 沼津市千本浜海岸：中央の防潮堤の内陸側（右側）には，千本砂丘の松林の一部が見える．（2011.11撮影）
Senbonhama Coast in Numazu City

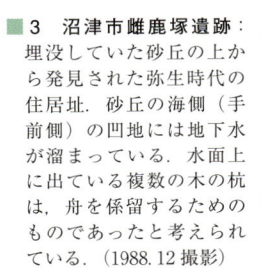

■3 沼津市雌鹿塚遺跡：埋没していた砂丘の上から発見された弥生時代の住居址．砂丘の海側（手前側）の凹地には地下水が溜まっている．水面上に出ている複数の木の杭は，舟を係留するためのものであったと考えられている．（1988.12撮影）
The Megazuka archaeological site in Numazu City

駿河湾の海岸

21 三保ノ松原
Mihono-matsubara Sand Spit

Fluvial sand is transported alongshore by longshore sand transport and a sandy beach may develop due to the deposition of sand. A sand spit can form at a location where the coastline orientation abruptly changes. Typical sand spits in Japan are the Notsuke-saki sand spit facing the Nemuro Strait, Miho Peninsula protruding into Suruga Bay and Yumigahama Peninsula in Miho Bay in Tottori Prefecture. Of these sand spits, the Miho Peninsula had been formed due to the deposition of sand supplied from the Abe River 12 km south of the peninsula and transported northward by longshore drift. Mihono-matsubara means 'Pine trees in Miho region', and is located near the tip of the sand spit. Prior to 1967 a large amount of sand was excavated in the Abe River, resulting in a decrease in the sand supply from the river which produced severe beach erosion along the coast.

　河川からの供給土砂，あるいは陸地が波の作用で削られることによって生産された土砂が海へ流れ込むと，粒径の小さなシルト・粘土分を除く砂礫は，汀線近くで波が砕ける際生じる沿岸流の作用によって沿岸方向へと運ばれる．この結果，河口周辺や海食崖の周辺には砂浜海岸が発達する．このような条件を満足し，かつ湾や島の周辺など，沖合の波が海岸線とほぼ平行方向から入射する条件では，海岸線に対して斜めに大きく突出した地形（砂嘴）が形成される．

　このような原理に基づいて発達した砂嘴のうち，我が国で有名なものには，根室海峡に面した野付崎，駿河湾西岸に大きく突出した三保半島，鳥取県の美保湾に細長く伸びた弓ヶ浜半島などがある．これら典型的な砂嘴のうち，三保半島はその南約 12 km に流入する安倍川からの流出土砂が北向きの沿岸漂砂によって運ばれ，北端部に次々と堆積して伸びたものである．

　■1(a) には 1981 年当時の三保半島先端部の空中写真を示す．写真右端から北（左）向きに沿岸漂砂が運ばれてきているが，北端にある飛行場東側の急勾配斜面を経て，水深 45 m 付近まで土砂の落ち込みが生じている．写真に示すように 1981 年には沿岸に沿って約 150 m の浜が連続的に延びる自然海浜であった．そして ■1(a) に示す羽衣の松を含む周辺一帯が三保ノ松原と呼ばれてきた．しかし 1967 年までに漂砂源である安倍川の河道内で約 800 万 m^3 もの砂礫が建設骨材として採取された結果，海岸への供給量が激減し，河口から北へと侵食域が広がってきた．

　侵食が三保半島の先端部まで波及したため，2010 年までには ■1(b) のように 2 基の離岸堤を一組として並べるヘッドランドをつくり，その上手側の汀線の向きをできるだけ波向と直角方向となるようにすることによって沿岸漂砂量を減じるとともに，浜幅の狭い場所では養浜を行うことによって海浜がようやく保たれる状態となった．

　■2 は 2010 年撮影の三保半島先端部の斜め写真を示す．なだらかに延びていた海岸線が凹凸の多い海岸線へとなったことがわかる．種々の対策が取られてきてはいるが，侵食はなお進んでいる．例えば，■3 は ■2 に示す地点 A 付近の 2009 年 10 月 27 日の状況を示すが，護岸前面まで侵食が進み，台風の高波が襲来するたびに越波が起きている．一方，■4 は，■2 の B で示す羽衣の松の前面の海浜から遠く秀峰富士を眺めたもので，三保ノ松原の典型的な姿を今に残している．現在三保半島の大部分の区域では侵食が進んできているため，安倍川の河床に堆積した砂礫を運んで海岸へ投入するサンドバイパス（養浜）により現状の海岸線がようやく維持されている．■4 に示す原風景を保つこともかなり難しい状態になりつつある．ただ他の海岸と異なり，安倍川では 1967 年以降川砂利採取の禁止とともに，海岸への供給土砂量が過去と比べて増加しているので，上手側に位置する海岸から徐々に砂浜の回復が進んでいることが救いである．

[宇多高明]

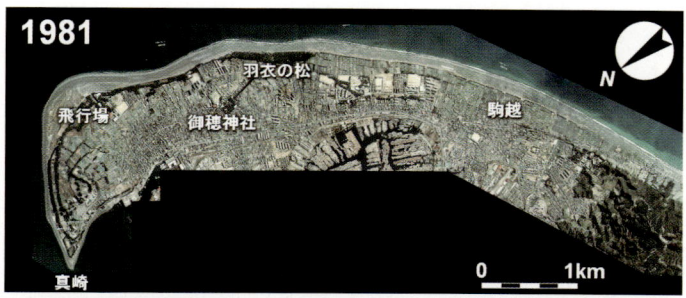

■1 1981年と2010年撮影の三保半島の空中写真（静岡県撮影）
Aerial photographs of Mihono-matsubara sand spit taken in 1981 and 2010.

■2 三保半島北端部の斜め空中写真
（2010.1.16，静岡県撮影）
Oblique aerial photograph of Mihono-matsubara sand spit in Jan. 16, 2010.

■3 2のA地点（駒越地先）周辺の海岸状況
（2009.10.27 撮影）
Coastal situation near point A in Fig. 2 observed Oct. 27, 2009.

■4 羽衣の松のやや北側の海浜から望む秀峰富士
（2007.12.19 撮影）
Mt. Fuji, as seen from the beach in front of Hagoromo-no-matsu (Dec. 19, 2007).

三保ノ松原

22 遠州灘
Enshu Coast

Enshu Coast is located in the central part of Japan and open to the Pacific Ocean. The coast is characterized by long coastlines, sea cliffs, dunes and beaches. Coastal vegetation provides an ecotone between the beach and the grove behind. Many loggerhead sea turtles land and lay eggs on the beach in summer. People enjoy surfing and fishing on the beach. The beach sand is mostly supplied from high mountains through the Tenryu River located in the middle of the coast. The sediment supply from the river has recently been decreased because of the construction of dams upstream, causing beach erosion and resulting in negative influences on the ecosystem.

　東は静岡県御前崎から西は愛知県伊良湖岬に至る遠州灘海岸は，全長115 kmに及ぶ我が国でも有数の長大な砂浜海岸である．海岸に立つと，眼前に広がる遠州灘と，白波とともにまっすぐに延びる白砂の砂浜はいかにも雄大で，息をのむ美しさがある（■1）．遠州灘に流入する主要な河川は静岡県側に位置し，天竜川，太田川，菊川などがあるが，なかでも長野県諏訪湖を源とする天竜川の上流部は中央構造線に沿って流下しており，流域の土砂生産量が極めて大きい．天竜川がもたらすこの豊富な土砂は下流域に扇状地（遠州平野）を形成し，そこに浜松などの都市が発達したが，同時に遠州灘海岸全域に広がった白砂は美しい外洋性の砂浜海岸と豊かな自然環境を形成した．

　遠州灘海岸は，静岡県側と愛知県側では後背地の地形が対照的である．静岡県側では，海岸から低平地が広がっており，特に中田島や浜岡など南西に面した海岸では冬季の季節風によって砂が吹き上げられ，大規模な海岸砂丘が形成されているところも多い（■2）．一方，愛知県側の渥美半島太平洋岸の海岸は，高いところで50 m以上の海食崖が存在し，その前面に砂浜が形成されている（■3）．海食崖は伊良湖岬に近づくにつれて低くなっているが，砂浜を構成する砂も次第に天竜川起源のものと崖起源のものとが混在するようになる．遠州灘の中央部に位置する浜名湖は，外洋潮汐の影響を強く受ける塩水湖であり，天竜川からの土砂の堆積により湖口部が浅く湖奥部が深い特徴的な湖となっている．

　遠州灘海岸は自然豊かな海岸であり，夏にはアカウミガメの産卵・ふ化が見られる（■4）．また，コウボウムギなどの海浜植物から照葉樹林への連続的なエコトーンを形成しており，貴重な外洋性の生態系を育む基盤となっている（■5）．沿岸海域では，シラス漁に代表される漁業が盛んであり，かつては地引き網漁も行われていた．浜名湖ではアサリ漁をはじめとする内湾性の漁業も営まれている．遠州灘海岸は1年を通して波が高く海水浴には適さないが，年間を通してサーフィンや釣りを目的に多くの人が海岸を利用している（■6）．

　以上のように，豊かな海浜環境を有する遠州灘海岸であるが，近年は土砂にかかわる様々な問題が生じている．1950年代から70年代にかけて，佐久間ダムをはじめとする数多くの発電ダムや砂防ダムが天竜川上・中流に建設され，同時に下流域では河川の砂利採取も盛んに行われたため，天竜川から遠州灘への土砂供給量が激減した．また時期を同じくして，海岸においても種々の構造物が建設されたことなどにより，土砂の動きが大きく変化したため，海岸侵食や海岸砂丘の縮小を招いた．これにより，アカウミガメの上陸阻害や植生の分断など，海浜環境にも影響が生じている．

［青木伸一］

■ 1　遠州灘海岸（田中雄二撮影）
Enshu Coast extending from Aichi to Shizuoka prefectures (photo by Y. Tanaka)

■ 4　アカウミガメ（田中雄二撮影）
A loggerhead sea turtle crawling back to the sea (photo by Y. Tanaka)

■ 2　中田島砂丘
Coastal sand dune of Nakatajima (photo by S. Aoki)

■ 5　海岸の植生（田中雄二撮影）
Coastal vegetation forming ecotone (photo by Y. Tanaka)

■ 3　渥美半島の海食崖と砂浜
Sea cliff and beach of Atsumi peninsula (photo by S. Aoki)

■ 6　釣り人でにぎわう早朝の海岸（田中雄二撮影）
Beach in the early morning crowded by many anglers (photo by Y. Tanaka)

遠州灘

67

23 三河湾
Mikawa Bay

Mikawa Bay is a semi-closed sea area surrounded by Chita and Atsumi peninsulas. The coast along Mikawa Bay involves a rocky coast and sandy beach and it has been designated as the Mikawa-Wan Quasi-National Park. The most representative beach topography in Mikawa Bay may be its tidal flat, which is very important benthic habitat. Because of this feature of Mikawa Bay, there has been severe environmental problem at this location. However, artificial beach nourishment in the tidal flat using dredged sand from Nakayama Channel (Sea Blue Project) has improved the sea environment and it has also been reported that the environment and population of benthic organisms has improved.

　三河湾は知多半島と渥美半島に囲まれた海域で，その海岸線は，砂浜，岩石海岸など多岐にわたっており，その風光明媚な特色から三河湾周辺は三河湾国定公園に指定されている．なかでも三河湾の海岸に特徴的な地形として干潟が挙げられる．干潟にはアサリなどの様々な底生生物が生息しているが，愛知県のアサリの漁獲量は全国の50％以上を占めており，その80％以上が三河湾に面する西三河地区が占めている．■1は蒲郡の竹島周辺の干潟で，ピーク時には大勢の潮干狩り客で賑わっている．

　この三河湾は，面積が約600 km^{2}に対して平均水深が約9 mと全体的に浅い湾であり，また，その形状から閉鎖性の水域であることから富栄養化による水質・底質の悪化がすすみ，赤潮や青潮の発生頻度が高くなるなど深刻な状況となっていた．さらに生活排水や工場排水などによるヘドロの堆積も大きな問題となっていた．

　このような状況を改善するため，中山水道航路の浚渫の際に発生した良質の砂を使った覆砂を行い，底質中にある汚染物質が海中に溶出するのを抑制するとともに，良質の砂による浅場や干潟の造成により，生物の生息環境を改善し，自然の力による海水浄化機能を高め，海域環境の改善を図るシーブルー事業が進められてきた．この事業により，三河湾の海域環境は大きく改善され，底生生物の生息種類も増加するという調査結果も報告されている．上述のアサリの生息場の改善にも大きく貢献している．■2はこの事業で西浦地区に造成された干潟である．

　■3は宮崎海水浴場で，田原市の仁崎海水浴場とともに「日本の水浴場88選」に選ばれた三河湾の海水浴場である．水質が良好で，椰子の木や緑地帯が整備され，広い年代に支持された人気の高い海水浴場で，夏季には多くの人で賑わっている．これ以外にも多くの海水浴場が点在している．また蒲郡にはヨットハーバーも整備され，マリンスポーツの拠点にもなっている．人工的な海岸も親水性が配慮されたものが多いのも特徴である．

　一方，三河湾湾口には，篠島，日間賀島，佐久島に代表される多くの島が点在する．それぞれの島にも海水浴場として利用されている砂浜があるとともに，複雑な形状の岩石海岸が存在し，その良好な景観から観光のスポットにもなっている（■4）．

　このように三河湾には水産資源や観光資源など貴重な海岸が数多く存在しており，人々の生活と深くかかわっている．

［水谷法美］

■1 蒲郡竹島周辺での潮干狩りの様子
Gathering of clams near Takeshima island, Gamagori

■2 西浦地区の干潟造成
Artificial tidal flat in Nishiura district

■3 宮崎海水浴場
Miyazaki beach

■4 南風ヶ崎（まぜがさき，篠島）
（写真提供：南知多町役場地域振興課）
Mazegasaki

三河湾

24 五ヶ所湾
Gokasyo Bay

Gokasyo Bay is composed of saw-toothed coastlines and is located at the northern end of Kumano-nada Sea. The Black Current (Kuroshio) runs off the bay and supplies fresh clean sea water. On the other hand, water rich in nutrients is supplied to Gokasyo Bay from Ise Bay. These two factors make Gokasyo Bay one of the most important sources of sea food in the Ise-Shima area. Traditionally, aquaculture has been intensely employed at Gokasho Bay. Pearl oyster is the earliest commodity of the aquaculture in the bay, and yellowtail and red seabream followed it. However, the intensive aquaculture industry in the bay has caused eutrophication and productivity has decreased. Solutions to solve this problem are currently being sought.

　紀伊半島の先端，潮岬から三重県大王崎にかけては熊野灘と呼ばれるが，五ヶ所湾はそのほぼ北端に位置し，真珠養殖発祥の地として有名な英虞湾の西に隣接する典型的なリアス式海岸である．かえでの葉のような形から楓江湾とも称された（■ 1, 2）．入り組んだ複雑な地形であり，津々浦々という言葉通りにたくさんの浦があり，かつては浦ごとに漁業協同組合が 10 もあった（現在はくまの灘漁業協同組合として一つに統合されている）．沖合近くに黒潮が流れカツオ，マグロ，アジ，サバなどが回遊してくる．また伊勢湾からの豊富な栄養塩の恵を受け海藻が繁茂し，磯にはイセエビ，アワビ，サザエなどが生息し古くから漁業が盛んである（■ 3）．伊勢志摩といえばこれらの海の幸を楽しみに訪れる方も多いと思うが，まさにその食材を産み出している主要な場所が五ヶ所湾である．

　かつて五ヶ所湾はイセエビ，アワビなどの磯物のほか，アラメ，ヒジキ，テングサなどの海藻，内湾にはナマコなどが豊富で，湾内ではイワシ，ボラ，カマス，コノシロなどが獲れ多種多様な水産生物の宝庫であった．しかしながら獲りすぎや各種の活発な人間活動の結果として環境が悪化し，多くの水産物が激減した．

　天然資源の減少を補い，漁獲高，漁業生産額を維持する方策としては，魚やエビ，貝類などの子供（業界では種苗と呼ぶ）をある程度の大きさまで人の手で育てて海に放す人工種苗放流という方法がある．また魚介類を種苗から商品になるまで人の手で管理して育成する養殖も有効である．我が国では高度経済成長の過程で埋め立てなどによる沿岸漁場の縮小・喪失，また工場や家庭からの排水による水質汚濁を引き起こし，沿岸漁業は衰退した．また戦後大きく発展した遠洋漁業もオイルショックや 200 海里漁業水域の設定で大きな打撃を受けた．そのため国は 1965（昭和 35）年頃から種苗放流，養殖などつくり育てる漁業を奨励する政策を推進した．これを受け 1969（昭和 39）年に五ヶ所湾にも種苗センターが設立されアワビ，クルマエビ，マダイ，ワカメなどの放流が行われた．

　五ヶ所湾は静穏な入り江を多く持つと同時に黒潮が流れる熊野灘に面していることで外洋水が流入するため水質がよく養殖に適していることから，古くから各種の養殖が行われてきた．そのうち最も古いのは真珠養殖である．御木本幸吉によって 1893（明治 26）年に養殖真珠が生産される以前には五ヶ所湾でも天然真珠（アコヤガイ）の採取があったが，上質の天然真珠の出現率は極端に低く，その結果乱獲をまねきアコヤガイ資源は枯渇した．これを憂慮した御木本は英虞湾で真珠養殖を始めたが，赤潮の被害が激しかったため，1908（明治 41）年に五ヶ所湾に進出し養殖場を開設．養殖海面は五ヶ所湾一帯に広がり大正初期から 1937（昭和 12）年頃まで御木

■1 五ヶ所浅間山より撮影した楓の葉のような形の五ヶ所湾（2011.11）
The maple leaf-shaped Gokasyo Bay photographed from Gokasyo Sengen Mt.

■2 中津浜浦より撮影した五ヶ所の町と五ヶ所湾（2012.5）
Gokasyo town and Gokasyo Bay photographed from Nakatsuhamaura

■3 五ヶ所湾をゆく漁船（2012.5）
Fishing boat on Gokasyo Bay

五ヶ所湾

本真珠の生産拠点であった．真珠王として名をはせた御木本は1929（昭和4）年にニューヨークタイムズにもとりあげられ，その記事には五ヶ所の名前も記載されている．御木本による五ヶ所湾の真珠養殖業は，一時は従業員1000人を擁する一大地場産業であったが，戦争が始まると贅沢品は制限されたため，工場は閉鎖され終結した．戦後は真珠需要が増加して価格が高騰し，また技術革新などの追い風が吹いたため養殖業者は急増し，養殖漁場は過密状態となった．昭和30年代に五ヶ所の真珠養殖は全盛期を迎えたが，その後，1965（昭和40）年前後に過剰生産による価格の下落と漁場の密集による汚染が原因でアコヤガイが高率に斃死するようになり真珠恐慌とも呼ばれる状況となった．この恐慌で廃業者数は最盛期の4割に及んだという．その結果，生産が削減され真珠の価格は持ち直したが，養殖場環境の悪化による貝の衰弱，大量斃死が起こる状況は根本的には解決されておらず，今も課題となっている．

　五ヶ所湾の風物詩とも言えるものにアオノリ（ヒトエグサ）養殖がある．アオノリは佃煮の原材料などに利用され，三重県は全国生産の70％を占める．五ヶ所湾奥の伊勢路川河口付近は，網にヒトエグサの胞子をつける種付け（採苗）漁場として優れており，地元で利用する他，他の漁場にも供給し，最盛期の昭和40年はじめには三重県のほとんどのアオノリ生産地に種網を供給していた．日本人の食生活の変化で佃煮の消費が減り，価格が低迷し生産はずいぶん少なくなった．しかしながら今でも昔ながらの風景（■4）が残っている．

　五ヶ所湾の魚類養殖としてはブリ（ハマチ）養殖が1962（昭和37）年に最初に始まった．黒潮に乗ってブリの稚魚（モジャコ）が豊富に来遊すること，モジャコを獲る優れた漁労技術を持っていたこと，さらに上述のように養殖に適した地形，水質であったことからブリ養殖は急速に発展した．それに伴い養殖場は過密となり，魚が食べ残した餌などの影響で水質が悪化し，魚の成長が悪くなったり病気に罹りやすくなったりする事態となった．さらに赤潮による大量斃死も起こった．真珠養殖がたどった道をブリもたどることになったと言えよう．その後，五ヶ所湾ではマダイ養殖（■5，6）が中心となって現在に至っている．現在のマダイ養殖業は魚価安，餌と船の燃料の高騰により非常に厳しい状況にある．加えて，東日本大震災による大津波で養殖用いかだが破壊され養殖していたマダイが大量斃死し甚大な被害を受けた．養殖魚はかつてあまりよくないイメージを持たれ，天然ものより一ランク下に見られがちであるが，生産者のたゆまぬ努力の結果，現在では安全でとてもおいしいものとなっている．三重県産のマダイをぜひ皆様の日々の食卓にのせていただき五ヶ所湾養殖の復旧，復興を応援していただきたい．（本稿を記すにあたり南勢町誌（南勢町誌編纂委員会）を参考にした．）

［奥澤公一］

■4 五ヶ所湾奥，内瀬のアオノリ養殖場（2011.11）
Green laver (*Monostroma nitidum*) culture at Naise Coast, an inner part of Gokasyo Bay

■5 迫間浅間山より撮影した五ヶ所湾迫間浦のマダイ養殖場（2011.11）
Net cages for red seabream (*Pagrus major*) culture floating on Hasama-ura inlet of Gokasyo Bay photographed from Hasama Sengon Mt.

■6 五ヶ所湾迫間浦のマダイ養殖場（2011.11）
Net cages for red seabream (*Pagrus major*) culture floating on Hasama-ura inlet of Gokasyo Bay

五ヶ所湾

25 松名瀬海岸
Matsunase Coast

The rich nature and ecosystem of the "Matsunase seashore" in Matsusaka-shi, Mie, located in the west coast in Isewan, has been preserved, allowing the surviving scenery in Isewan to be maintained from the 1960s till the present. The length of the Matsunase seashore is about 3.5 km from east to west. Large tidal flats and eelgrass (Zostera) beds spread in front of the shore, and some saline swamps are located in the hinterlands. In the "Anthology of Ten Thousand Leaves" written in around the 8th century, the scenery of the Matsunase seashore is applauded as a beautiful beach where birds are twittering. Even now, it is a precious place where many birds flock and peck small organisms such as polychaete worms, crustaceans, and mollusks that live on the tidal flat.

　伊勢湾は，北に木曽川・揖斐川・長良川（木曽三川）の河口が集まり，南に位置する湾口は伊良湖岬から神島，答志島，菅島といった島々を経て大王埼に至る海域で太平洋に面している．その海底は湾口海域を除けば，平均水深で約20 mの平坦な砂泥域となっている．このような遠浅の海に面した海岸の陸域は，北に濃尾平野，西には伊勢平野が広がる平坦な地形であり，1960年代から1970年代の高度成長期以前の海岸線は砂浜と松林が続きまさしく「白砂青松」の景観を呈していた．湾奥の名古屋や四日市周辺では干潟や水深5 m以浅の浅場の埋め立てが進み，砂浜海岸は失われたものの，伊勢湾西岸にはいまだに多くの砂浜海岸が残されている．中でも豊かな自然と生態系が保存され，かつての伊勢湾の姿を今に伝えている海岸として三重県松阪市の「松名瀬海岸」を紹介したい．

　伊勢湾の西岸は，木曽三川河口を上に，伊勢市宮川・五十鈴川河口を下に考えるとひらがなの「く」の字型をしている．この「く」の字の左の角にあたる，三重県津市から松阪市の海岸，すなわち伊勢平野を流れる雲出川から櫛田川にかけての河口域は中小の河川が集まって伊勢湾に注いでおり，濃尾平野を流れ伊勢湾に注ぐ木曽三川の縮図であり第2の湾奥ともいうべき場所である．このような場所では，陸域からは河川を通じて土砂が供給され，河口に堆積して水深が浅くなり，潮の満ち干きに応じて水中に没したり干上がったりする「干潟」が形成される．また，河口の両側には海流や波によって運ばれた土砂が堆積し砂浜が広がる．松名瀬海岸は，松阪市松名瀬町から東黒部町にかけて東西約2.5 kmにわたる砂浜海岸である．しかし，ここではより豊かな自然の姿を紹介したいため，松阪港の東に位置する愛宕川・金剛川・櫛田川河口から中川河口の「吹井ノ浦」と呼ばれる海域に面した海岸約3.5 kmを「松名瀬海岸」として紹介する．

　古くは『万葉集』巻7に「圓方の湊の渚鳥波立てや妻呼び立てて辺に近づくも」と詠われている圓方の湊が松名瀬海岸一帯を指しているといわれ，美しい浜辺とそこに生息する鳥類の姿が生き生きと表現されている．この風景は現在もなお，生き続けている．現在の松阪港の東側で愛宕川と金剛川は合流して櫛田川河口の左岸に隣接している．2つの河川に挟まれる櫛田川左岸の海岸と，櫛田川右岸の海岸には海水と淡水が入り混じった汽水で覆われた「塩性湿地」が存在する．塩性湿地は砂浜海岸の背後にできた汽水による湿地であり，かつての伊勢湾沿岸では海から陸に向かって，干潟，砂浜，松林と続きグミやイバラの藪の背後が芦原の湿地となっていたが，1959年の伊勢湾台風以降海岸堤防が建設され，その後も高度成長期に水田や養魚池が埋め立てられるなどして，このような地形はほとんど見られなくなった．現在ではこの松名瀬海岸の東部においてのみ，かつての伊勢湾の姿をほうふつとさせる地形を見ることができる．

■1 松名瀬海岸全景：松阪港上空から松名瀬海岸を望む．手前のタンク群は松阪港．タンク群の向こうが愛宕川および金剛川河口，広大な干潟の向こうが櫛田川河口である．（2010.10.26, 中西啓介撮影, 執筆者ヘリコプターに同乗）

Bird's-eye view of Matsunase Coast. The front side of the photo shows the Matsusaka harbor and the back the Matsunase Coast.

■2 松名瀬海岸前面の干潟：櫛田川河口上空から松名瀬海岸を望む．広大な干潟が広がっている．海面の四角い市松模様は黒ノリ養殖のノリ網が張られているところである．（2012.1.24, 牧野朗彦撮影）

The tidal flat in front of Matsunase Coast. The squares in sea-surface are seaweed-cultured nets.

■3 櫛田川左岸の海岸：櫛田川左岸から松阪港を望む．撮影時はほぼ満潮であったが，愛宕川・金剛川河口の沖には干潟の干出部が見られる．砂浜海岸の背後には植物が生え，さらにその背後は湿地となっている．（2012.1.14, 藤田弘一撮影）

The seashore on the left bank of Kushida River. The tidal flat is visible.

松名瀬海岸

櫛田川右岸の先端は大きく北に張り出し，砂泥のほか十数cm台のゴロタ石もあって「がら崎」という地名がついている．このがら崎周辺は現在では伊勢湾内で最大の干潟となっており，2009年の調査によるとその面積は約220 haに達する．このような河口の干潟には土砂とともに陸域からの栄養分が供給されるため，ゴカイの仲間やアサリなどの二枚貝類など多くの生き物が生息する．また，松名瀬海岸前面の水深1から2m付近にはアマモという海草（水中顕花植物）が繁茂している．そのような場所はアマモ場と呼ばれ，サヨリなどの魚類やコウイカなどが産卵するほか，多くの魚介類の仔稚魚が生育する場所となっており，別名海のゆりかごともいわれる水産上も重要な場所である．松名瀬沖のアマモ場の面積は約140 haで，これは伊勢湾内で最も大きい多気郡明和町地先の約170 haに次ぐ大きさとなっている．

　櫛田川右岸の東には砂浜海岸が続き中川河口に至る．この砂浜海岸には，ヒルガオやハマエンドウのほかハマボウが自生している．松名瀬海岸のハマボウは，伊勢湾西岸での北限に近いと見られている．なお，伊勢湾西岸の砂浜海岸は，中川以東も中小河川の河口部を経て伊勢市の宮川・五十鈴川河口まで続き，海岸に岩礁地形が現れるのは夫婦岩で有名な伊勢市二見町江の二見興玉神社がある立石崎からである．

　伊勢湾西岸では，海に入った河川水は岸に沿って南下することがわかっている．近年ダムの建設や河川水量の減少などにより，陸域から流入する土砂が減少し砂浜海岸の後退が指摘されることが多い．松名瀬海岸では海流や地形的なこともあると思われるが，むしろ，海域に砂が堆積して閉塞した海域の環境悪化や干潟の陸地化がおき漁業上問題となっている．すなわち，海水の交換が妨げられ有機物が過度に堆積しての環境悪化や干潟の地盤高が高くなりすぎて主な漁業生産物であるアサリやバカガイなどの二枚貝類が少なくなってしまったのである．そこで，三重県では堆積した砂を利用し，悪化した海底を覆ったり，干潟の地盤高を減じて海水交換がよくなるようにするなど，漁場環境改善につながる取り組みを2004年から2011年まで行ってきた．その結果，汚染の指標となる底泥の有機物の量や生物に有害な硫化物の量は減少し，生物の生息量も年による変動はあるものの回復しつつある．地域の漁業者もアマモ場の保護や水産資源の管理に熱心な取り組みを続けている．また，モニタリング調査では生態系の豊かさの指標として，当地区で見られる鳥類の数と種類を4季ごとに調べているが，2005年の約1万羽/3日，11種から年々増えて2011年には約2万5000羽/3日，67種となっている．シロチドリやシギの仲間が群れる松名瀬海岸の浜辺の風景は，今も万葉の昔と変わらずに続いているのである．

　このように，貴重な塩性湿地や広大な干潟とアマモ場が残る松名瀬海岸ではあるが，かつての伊勢湾の海岸で見られた砂浜背後に広がる黒松の巨木からなる鬱蒼とした松林の姿は見られず，中川河口の右岸以東の護岸堤防背後に植林された松に面影を残すのみである．しかし，背後に17万人の人口を抱える松阪市の海岸部で，豊かな自然と生態系が残っていること自体がすばらしいことである．松阪市の採貝漁業やノリ養殖業は伊勢湾内でも上位の生産を維持しており，人の営みと自然が共存できることを我々に教えてくれているのではないだろうか．この松名瀬海岸に残された豊かな生態系が保全されるとともに，今後も人々の生活にも憩いと潤いを与える場であり続けてほしいと願うものである．

[藤田弘一]

■ 4　櫛田川右岸の海岸：櫛田川右岸から松阪港を望む．櫛田川河口から沖に向かう砂嘴が発達している．砂浜海岸の背後には植物が生え，さらにその背後は湿地となっており，その規模は櫛田川左岸よりも大きい．（2012.1.14，藤田弘一撮影）
　The seashore on the right bank of Kushida River. Plants and trees grows behind the seashore sands and the back serves as a saline swamp.

■ 5　塩性湿地：砂浜海岸の背後の湿地である．干潮時にはカニ類などの生物が姿を現すが，撮影時はほぼ満潮であった．（2012.1.14，藤田弘一撮影）
　Saline swamp. The photograph was taken at high tide. Crabs can often be seen at low tide.

■ 6　松名瀬海水浴場入り口：海水浴場入り口から東を望む．櫛田川右岸から東に広がる海岸線は遠浅の海水浴場となっている．（2012.1.14，藤田弘一撮影）
　Matsunase beach entrance. The Matsunase Coast in Matsusaka city is a beautiful beach.

松名瀬海岸

26 白良浜 — 白く輝くポケットビーチ
Shirarahama

Shirarahama is one of the best and most popular beaches in the Kinki region. Sandwiched between two headlands, it forms a typical natural pocket beach. The beach has shining white sand, made of quartz, which is purely white and smooth. Beach erosion control was introduced here for the first time in Japan. In the control project, a headland and T-shaped groins were constructed and beach nourishment was conducted in the sandwiched area. Such efforts, however, have yet to successfully control sand erosion.

　南紀白浜海岸は紀州灘沿岸に属し，和歌山県のほぼ中央の西牟婁郡白浜町に位置している．鉛山湾に面し，湯崎，権現崎といった岩礁地帯に囲まれた白砂の美しい海岸で「白良浜」と呼ばれている．汀線の長さ約 640 m，幅約 80 m で遠浅の典型的なポケットビーチである．近畿地方屈指の海水浴場として知られ，夏の海水浴シーズンには多くの海水浴客で賑わう（年間観光客数 58 万人）．例年，5 月 3 日に海開きされるが，これは本州で最も早い．珪酸を 90％含む石英砂は，文字通り真っ白でサラサラの砂であり，白く輝くビーチとカラフルに咲き乱れるパラソルのコントラストが美しい．1996 年には「日本の渚百選」に，2006 年には「快水浴場百選」に選定された．また，すぐ近くには，断崖絶壁の名勝として名高い三段壁，第三紀層の砂岩からなる大岩盤の千畳敷などの景勝海岸がある．

　1920（大正 9）年に小竹岩楠が温泉掘削に成功してから，白良浜の後背地は温泉郷として栄え，高度に発展してきた．都市化に伴い背後地からの供給土砂が絶たれ，砂の浸食によって汀線は徐々に後退し，浜は痩せ細った．1981 年までの 10 年間で浜の幅 7〜8 m，面積 3000 m^2 が減少した．1981 年に学識経験者，国，県，白浜町からなる白良浜保全対策連絡協議会が発足し，白良浜の保全のための構想が 6 回にわたって審議された．土屋ら（1984，1985）によって，権現崎にヘッドランドを，湯崎に波浪制御を兼ねた海岸構造物を設置し，その間に養浜を施工する安定海浜工法が提案され，我が国で初めて適用された．湯崎側の海岸構造物は，背後にトンボロを形成して白良浜に接続させる必要があるので，形式，位置，構造および規模は，実稼働 800 時間にも及ぶ水理模型実験の結果から，T 型突堤に決定された．1984 年から本格的な工事が始まり，T 型突堤の建設に続いて，1989 年よりオーストラリアの砂を投入する養浜が開始され，2000 年まで 11 回にわたって 74,750 m^3 の砂が投入された．2003 年から権現崎に潜堤が建設されたが，浜中央での高波が目立つようになり，2007 年 6 月に砂の黒色化が見つかったために整備は休止された．現在も砂の流出を防げていない．

　白良浜は，太平洋に面しているので，夏期には台風により，冬期には季節風による高波浪の影響を受け，高潮や津波の影響も少なくない．最近では，2011 年台風 6 号の接近に伴う高波の影響で，階段護岸沿いに設置された椰子の葉パラソルの大半が，砂に半分以上埋まる被害を受けた．また，観光客向けの津波避難誘導看板の設置も始まっている．

［安田誠宏］

■ 1 海水浴客で賑わう白良浜（2006.8.4，島田広昭撮影）
Shirarahama beach, crowded with sea bathers

■ 2 養浜前の白良浜（1977.9.22，土屋義人撮影）
Shirarahama beach before artificial beach nourishment

■ 3 湯崎側のＴ型突堤と背後に形成されたトンボロ（2006.7.13，島田広昭撮影）
Tombolo formed behind T-shaped groin

白良浜

27　大阪府の海岸
Coastline of Osaka Prefecture

This section reviews the history of the change in shoreline along Osaka Bay, a coastal region that has undergone large scale development after World War II. As a result, most sandy beaches disappeared and swimming beaches were closed in the northern part of Osaka Bay by the 1970's. On the other hand, in the southern part of Osaka Bay, much effort has been made to preserve the beaches. The history of Nishikinohama Beach can be traced as an example of such kind of effort. At Nishikinohama Beach, a full-scale beach replenishment was undertaken for the first time in Japan. The Nishikinohama Beach was thus relocated about 110 m offshore by beach replenishment due to the construction of an express highway on the area previously occupied by the beach.

約8000年～6000年前の縄文時代の海進最盛期の大阪湾は，現在よりも海水面が3m程度高く，海岸線は現在の大阪平野に深く入り込み，八尾～生駒山の麓～高槻辺りが海岸線で千里丘陵と上町台地が，大阪湾の奥にさらにもう一つの湾（河内湾）を形づくるように突き出ていたといわれている（例えば，梶山・市原，1985）．以降，流入する河川（主として旧淀川，旧大和川）の流送土砂と波浪の影響により上町台地北側の砂州はその後も北へ伸び，縄文時代中期には潟の部分の淡水化が進行し，弥生時代には大きな湖ができあがった（3000年～2000年前）．そして，古墳時代に入り，6～7世紀頃この湖は人間の手によって大きく変貌した（干拓と堀江（現大川）の開削など）．その後，治水のため宝永元（1704）年に大和川が現在の位置に付け替えられ，現在の海岸線の原型が形成された．

終戦直後および最新の国土地理院発行の1/25000地形図を基に作成した1940年代後半と2010年に入ってからの大阪湾の水際線の比較を■1に示す．■1(a)に示す1940年代後半の海岸線で大規模な人工構造物として認められるのは大阪港の防波堤のみで，呂宋（ルソン）助左衛門らが活躍した旧堺港がかろうじて認識できる．このように1940年代後半の大阪府の海岸線のほとんどが砂浜で，南端付近に若干の岩礁性海岸があった．この時代，大阪府下の海岸は，河口などの危険な個所以外はどこでも泳げた．特に，大浜，浜寺などは古くから海水浴場として全国的に知られていたし，高師浜，助松，二色の浜，樽井，箱作，淡輪などに海水浴場が開設されていた．これらの海岸に共通するのはいわゆる遠浅海岸で，時として一つではなく複数のバーが形成されていたことである．このことから，大阪府下の大和川以南の海岸は，ほぼ一様な細砂で形成されていたことがうかがえる．

1958年以後，堺・泉北臨海工業地帯の造成事業のため，この海岸一帯は埋め立てられ，大浜，湊，浜寺，高師ノ浜，助松の海水浴場は次々と閉鎖され，1965年までに姿を消した．さらに，1980年以降，関西国際空港の建設を含む岸和田以南の沿岸域開発に伴い，二色の浜の沖合移転，樽井海水浴場の閉鎖に伴う新たな人工海浜（樽井サザンビーチ）の建設，箱作，淡輪海岸の人工養浜による人工海浜化が行われた．関西国際空港の対岸には，礫浜で作成された護岸（マーブルビーチ）の建設も行われている．1998年時点での大阪湾大阪府下における海岸線延長は，242.92kmでこのうち約95％の224.9kmが人工海浜で半自然海浜は10.9km，自然海浜は和歌山との府県境近くに残された1.89kmで海岸線延長の0.78％に過ぎない（環境省，1998）．

次に，古くから海水浴場，潮干狩の場として親しまれ，幾多の変遷を重ねて現在も季節を通じて多くの人々が訪れる二色の浜について紹介する．■2は，現在の二色の浜海岸を南から北に

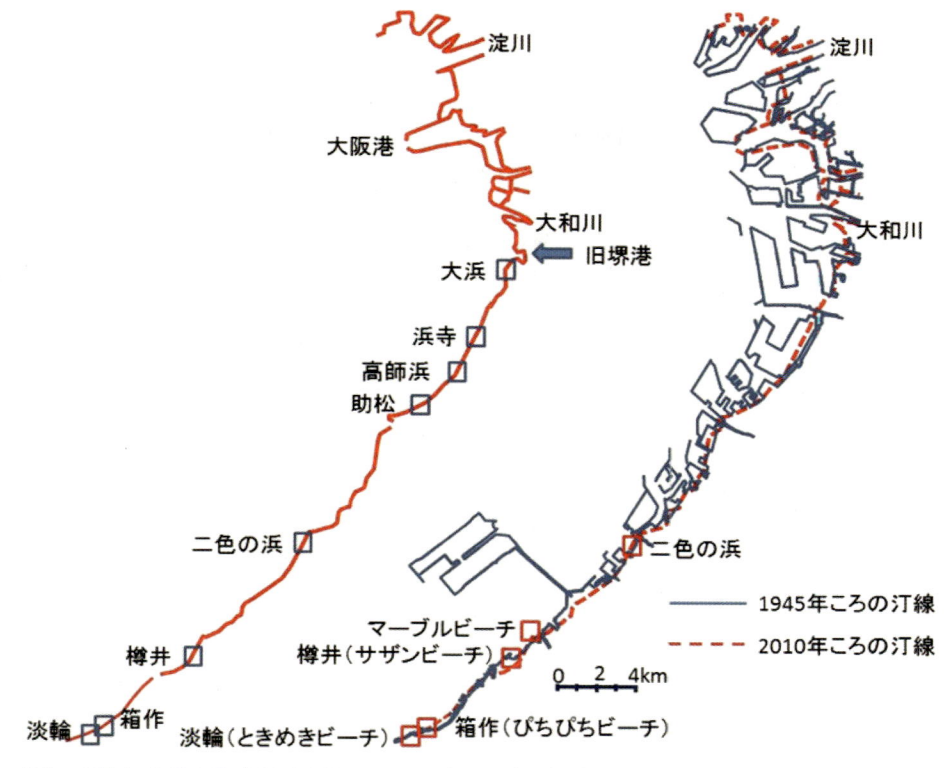

■ 1　戦後の大阪湾の汀線変動（国土地理院 1/25000 地形図から作成）：(a) 1945 年ころの汀線，(b) 2010 年ころの汀線.
Shift in the location of shoreline after WW II : (a) Coastline around 1945, (b) Coastline around 2010.

■ 2　二色の浜海岸（2012.1 撮影）
Nishikinohama Beach (Jan. 2012)

大阪府の海岸

向かって撮影したものである．

　先に述べた浜寺海水浴場が閉鎖されて以降，二色の浜は大阪府下を代表する海水浴場，潮干狩場として多くの人々に親しまれてきた海岸である．かつては，緑の松林と白い砂浜が美しいコントラストを醸しだしていた海岸で，それが「二色」の名称の由来と言われており，「日本の白砂青松100選」（（社）日本の松の緑を守る会選定）にも選ばれている．

　終戦後度重なる台風の来襲による高潮，高波浪による海岸侵食に対応するため，1966年に我が国で初めて本格的な人工養浜が施工された海岸で，養浜砂の沖側への流出を防ぐために離岸堤が建設された．その後も必要砂幅を確保するために数回養浜が行われている．1973年に海浜の南側に泉佐野食品コンビナートが完成し，また1978年から北側に阪南5区の埋立が開始された時点で，二色の浜は，南北両端を突出した埋立地により囲まれた海岸となった．この経緯を■3にまとめて示した．

　その後，関西国際空港の開港に伴う阪神高速湾岸線が二色の浜公園の一部を通過することが決定されたことにより，海浜の沖出しが計画された．種々の案が検討された結果，1988年から1993年にかけて既設3基の離岸堤の撤去，および人工養浜と入射波制御のための幅広潜堤の新設により海浜の沖合移転が施工された．幅広潜堤の断面諸元（天端幅30 m，天端水深LWL-0.8 mなど），養浜諸元（養浜砂粒径0.5～1 mm，前浜勾配1/20～1/30など）および平面配置は，水理模型実験と水深変化モデルによる海浜変形予測に基づき決定された．海浜の平均沖出し幅は約110 m，養浜面積は約14 haである．■4に沖合移転後の平面形状を示す．

　■2の右端に阪神高速湾岸線が，その奥に松林を垣間見ることができる．■5は，まったくの自然海浜であった1956年5月，養浜と3基の離岸堤が設置されている1969年4月，泉佐野食品コンビナート（南側）と阪南5区埋立が建設されている1985年10月および沖合移転完了後2007年7月の二色の浜の変遷を国土地理院国土変遷アーカイブに基づいて示したものである．現在は，見出川河口に存在した二色の浜ヨットハーバーが導流堤先端部に移設され，近木川導流堤近くの浅海域は潮干狩場として整備が行われている．

　現在特に養浜砂の顕著な流出，海浜変形などの問題点は発生しておらず，離岸堤が撤去されたことにより岸から沖側への視界が広がり，関西国際空港を離発着する国際線の航空機，あるいはその沖側に遠く淡路島を遠望することができ，そこに沈む夕日も一見の価値がある開放感のある海岸である．また二色の浜海岸周辺はコースタルコミュニティーゾーン（CCZ）（国土交通省HP）として整備され，自然とスポーツにふれあえる公園として多くの人に利用されている．

［出口一郎］

3 二色の浜施設・構造物の変遷
History of the facilities and boundary of Nishikinohama

年代	施設・構造物	年代	施設・構造物
1958～1961	階段護岸の施工	1975～	維持養浜（3000～6000 m^3/年）
1966	第1回養浜（34000 m^3）	1973	泉佐野食品コンビナート完成
1966～1967	離岸堤（南側2基）	1978	二色浜環境整備（阪南5.6区埋立）護岸建設開始
1967～1968	離岸堤（北側1期）		
1970	見出川導流堤延長	1985	二色浜環境整備（阪南5.6区埋立）浚渫埋立完了
1973～1975	近木川導流堤		

4 二色の浜の変遷（国土地理院国土変遷アーカイブに基づき作成）
History of shoreline configuration of Niahikinohama after 1950's

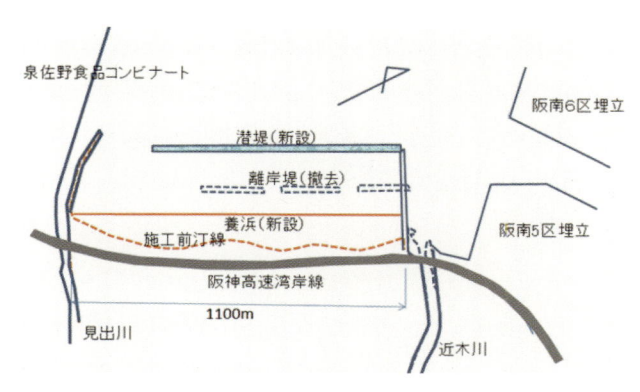

5 二色の浜沖合移設平面形状
Comparison of plane views of Nichikinohama Beach before and after relocation

大阪府の海岸

28 天橋立 —天に架かる橋—
Amanohashidate – A Bridge to Heaven –

Amanohashidate is one of the top three scenic spots of Japan. It is located to the southeast of Tango Peninsula in Kyoto Prefecture. The name of Amanohashidate means a bridge to heaven and originates from a Japanese folk story. Amanohashidate is a sandspit of 3.6 km in length, formed by longshore sand transport from north to south, where 8,000 pine trees are growing. Amanohashidate became thinner due to a reduction in the transported sand due to work on rivers and the construction of two ports located upshore. Sand bypass and recycling have been carried out from 1979 to maintain the width of Amanohashidate. Many tourists come throughout the year, especially in the summer season.

　天橋立は，日本三景と言われる3つの名勝地（宮城県松島，京都府宮津，広島県宮島）の1つである．丹後半島の東南部に位置し，宮津湾と阿蘇海を南北に隔てる砂嘴である．天橋立は，丹後半島東岸のいくつかの河川から流出した砂礫が主として沿岸流によって南に運ばれ，天橋立西側にある野田川に起因する海流にぶつかることにより，南北方向に砂礫が堆積して形成されたものである．

　天橋立の由来は，『丹後国風土記』に，伊射奈芸命が天界と下界を結ぶための梯子をつくって立てておいたが，伊射奈芸が寝ている間に海上に倒れ一本の細長い陸地になったのが天橋立である，と記されている．

　昭和初期には，世屋川と畑川の砂防・河川改修工事が行われ，河川からの土砂流出量が減少し，それに伴って天橋立に供給される土砂が少なくなり天橋立が細くなった．さらに昭和20年代には日置港と江尻港が築港され，港の防波堤のために沿岸漂砂が遮断されて，天橋立は急激に痩せ細った．その対策として，小突堤や大突堤[*1]を設置して沿岸漂砂を止めて細らないように試みたが，減少速度はかなり弱められたものの，元の姿に戻ることはなかった．1979年から我が国では初めてのサンドバイパス工法と兵庫県須磨海岸で行われていた養浜工法を実施して細くなることを防ぎ，現在の姿になっている．この姿を維持するには砂を天橋立の上手側に補給すること，下手側においては運ばれてきた砂を上手側に戻すといったサンドリサイクルが必要である．

　天橋立は大天橋と小天橋からなり，延長は約3.6 kmである．大天橋と小天橋とに分かれているのは，宮津湾と阿蘇海を結ぶための水道（文殊切戸）を開削したためであり，潮流の出入りにより海水交換が行われるようになっている．小天橋と陸地との間は，宮津港と阿蘇海を結ぶ航路（運河）が築造されている．天橋立の砂浜には，大小8000本の黒松が茂っており，「日本の名松百選」に選ばれている．白砂青松で美しく，四季を問わず多くの観光客が訪れ，夏は海水浴でにぎわう．

　かつては「天の串刺し」とからかわれた天橋立であるが，美しい姿になってきた．しかし，大天橋には，常に人工的な砂の供給が必要である．自然に任せるだけでは美しい姿を維持することができなくなっている．天橋立の自然の美しさは，人の手に頼っているという矛盾が内在しているが，日本が誇ることのできる名勝地であり，憩い，精神的安らぎ，楽しみの得られる白砂青松を末永く維持・保全していく必要がある．

[間瀬 肇]

[*1] 突堤：海岸線にほぼ直角に沖に向かって突出した堤防．

1 天橋立ビューランドから見た天橋立
Amanohashidate from the top of hill to the south (Amanohashidate View-land)

2 大天橋の砂浜
Sand beach of Amanohashidate

3 小天橋と陸地の間の運河
Canal between Amanohashidate and mainland

天橋立

29 兵庫県の海岸
Coast of Hyogo Prefecture

"Tajima Coast" is the generic name of the 160.1 km of the northern coast that faces the Japan Sea, in Hyogo Prefecture. The area is located between the Amino Coast base of the Tango Peninsula and Tottori Dune, in which the entire "San-in Coast National Park" is situated (which was designated as a National Park in June 1963.). In addition, the coast has been recognized as a "World Geoparks Network" ("San'in Kaigan Geopark") in October 2010, encompasing the slightly wider area of the San-in Coast National Park from the headland of Kyoga-misaki of the Tango Peninsula to the Hakuto Coast. Tajima Coast, which forms the central part of San'in Kaigan Geopark, and Tajima Coast have many scenic features, such as rocks and sandy beaches.

　兵庫県は日本海と瀬戸内海の両方の海に面しているが，兵庫県を代表する海岸は日本海に面した但馬海岸であろう．但馬海岸は，県北部の日本海に面した海岸の総称であり，奥丹後半島基部の網野海岸（京都府）から鳥取砂丘（鳥取県）まで延長約75 kmの「山陰海岸国立公園」（1963年6月指定）に全域が属している．また，2010年10月には山陰海岸国立公園エリアを東西に少し広くした丹後半島突端の経ヶ岬（京都府）から白兎海岸（鳥取県）までの延長約110 km，その内陸部約30 kmが自然公園「山陰海岸ジオパーク」として「世界ジオパークネットワーク」への加盟が認定された．その中枢をなす但馬海岸は，2500万年前に日本列島がユーラシア大陸から引き裂かれて，日本海が誕生する際に形成された典型的な沈降海岸のものであり，日本海特有の冬季風浪による力強い造形美により形成された海岸線は，地形的に複雑で奇岩怪石が連なっているなど多くの景勝地を有する海岸である．したがって，崖海岸，礫海岸，砂浜海岸など多様性に富む但馬海岸では，地形的には海食崖，波食棚，海食洞，洞門，海岸段丘など様々な形態を，また地質的には深成岩，火山岩の火成岩と堆積岩の両方を目にすることができる．香美町香住区下浜の堆積岩地層（北但層群豊岡累層に属する砂岩優勢の砂泥互層）の波食棚では，大型ほ乳類や鳥類の足跡化石が見つかるなど，学術的価値の高い海岸もある．さらに，こうした岩石海岸の間にはポケットビーチが形成されており，夏季には阪神間からの海水浴客が数多く訪れている．

　但馬海岸を代表する海岸形態や奇岩怪石の一部を紹介すると，以下のようなものが挙げられる．

　穴見海岸：　鳥取県境の新温泉町西部にあり，八鹿累層の安山岩や火砕岩層が侵食形成された小島の点在する磯浜海岸である．俵状節理の発達した流紋岩の岩脈が岬や小島をつくり出しており，典型的な沈降海岸の特徴を有している海岸である．（■1）

　鎧の袖：　香美町香住区の西部海岸にある，高さ65 m，長さ200 m，傾斜角70度で海面から切り立つ大海食崖である．これは，約1000万〜300万年前の火山活動によって形成されたものであり，流紋岩の柱状節理および板状節理を横切りして生じた15の平行裂罅が走る形状が，武士が纏う「鎧のおどし（袖）」を彷彿させることから名付けられた．1938年に国の天然記念物に指定されている．（■2）

　はさかり岩：　豊岡市竹野町の切浜海岸にあり，花崗岩の角礫を含む角礫凝灰岩，集塊岩の瀬戸火山岩層（今子デイサイト層）である礫岩地層の山脚部に形成された海食洞の天井岩が落ちて洞側壁の岩に挟まった状態の姿を留める奇岩であり，兵庫県指定天然記念物である．（■3）

［島田広昭］

■1 穴見海岸（大谷徹也撮影）
Anami Coast

■2 鎧ノ袖（香美町広報提供）
Yoroinosode

■3 はさかり岩（大谷徹也撮影）
Hasakari Rock

兵庫県の海岸

87

30 鳥取海岸
Tottori Coast

Tottori Coast extends at both sides of the Sendai River mouth and its width is 18 km. This coast encompasses the major part of the San-in Coast National Park and the San'in Kaigan Geopark (UNESCO registered). The main scenic feature of the coast lies in the large sand dune system. Sand dunes of transverse, linear and parabolic types exist in this area (■1). Cusp features appear on the shore line (■2) every year. This feature develops in winter (high wave season) and gradually disappears from spring to autumn. Its wave length and amplitude are 300~500 m and 50~100 m respectively. ■3 shows a beach cliff at the cusp bay. This coast has an offshore sand bar system. Crescentic features also appear on the bar according to cusp development (■4). It shows an antiphase feature with the cusp. Rip channels run from every cusp bay toward the offshore convex part of the bar.

　鳥取海岸は鳥取県東部を流れる千代川河口の両側に発達した海岸で，東西約 18 km ある．河口の西側の海岸は鳥取港，鳥取空港，畑地，宅地などに利用されており砂丘の面影を見ることは難しい．東側の海岸一帯は天然記念物に指定された観光地「鳥取砂丘」で，山陰海岸国立公園，ユネスコ認定の山陰海岸ジオパークの主要部となっている．■1 は鳥取砂丘の中央部（特別保護地区）上空から西向に撮影した航空写真で，写真の右側が日本海である．写真には中央部右上よりに海岸線にほぼ直角な縦列型砂丘，写真中央部と，左の植生と砂丘の境界あたりに上下方向に走る海岸線にほぼ平行な横列型砂丘，さらに中央部の砂丘列の最も海側の部分に海側に凸な放物線型砂丘が見られる．放物線型砂丘の部分は馬の背（標高 45 m）と呼ばれ，その陸側は凹地（標高 17 m）となっており，湾曲が緩やかであるが内陸砂漠に見られるもの（バルハン）と似た特徴を持っている．縦列型砂丘は風が強く砂の供給の悪い場所，放物線型砂丘は風と砂の供給のバランスがよい地点，横列型砂丘は砂の供給が大きい場所に発達する（Bagnold, 1941）．

　■2 は千代川河口から東方 4.5 km の二つ山（標高 110 m）の中腹から西に向かって撮影した写真で，2005～2010 年までの毎年の冬季高波浪期のものを並べたものである．写真には汀線の凹凸が写っている．このような凹凸形状はカスプと呼ばれるもので，カスプの隣り合う凸部（あるいは凹部）の間隔をカスプの波長，凹凸の岸沖方向の距離を振幅と呼ぶ．鳥取海岸のものは波長が 300～500 m，振幅は 50～100 m に達する．凹部の汀線は夏季のものから 30～50 m 後退する．

　■3 はカスプ凹部にあった砂丘の裾の部分が削られてできた浜崖で高さは約 3 m ある．

　■4 は砂丘海岸の ARGUS 画像[*1]である．各写真は同じ場所の ARGUS 画像を季節の順に並べ，汀線，沿岸砂州[*2]の形状の変化を示したものである（木村・大野，2006, 2007）．各写真とも上側が海，下側が汀線で，東西 4 km，南北 0.25 km の範囲が写っている．写真上部の白く写っている部分の海底に沿岸砂州が存在する．冬の高波浪期には，まず汀線より少し沖に幅が 50 m ほどの澪筋が発生する．やがて澪筋の部分の汀線が後退し，逆に澪筋の間の汀線が前進して次第にカスプが形成され，春から秋の静穏期に緩やかに消滅してゆく．滑らかな汀線が現れるころ，次の高波浪期がはじまり，同じカスプ輪廻が繰り返される．

［木村　晃］

[*1] ARGUS 画像：ディジタルビデオカメラで撮影した画像データを 1 枚分ずつ一定時間分重ね合わせて作成した画像を ARGUS 画像という．波は水深が浅くなると砕波し，その際に気泡が発生する．5 分から 10 分間撮影した画像データを用いると，ARGUS 画像には，頻繁に砕波が発生する（水深の浅い）部分は気泡により白く写る．■4 は ARGUS 画像を座標変換して真上から撮影した写真のように加工したもので，汀線の形状，白く写った気泡などから沿岸砂州の位置などが推定できる．

[*2] 汀線より少し沖合に汀線に平行して砂州が発達する．これを沿岸砂州と呼ぶ．

■ 1 鳥取砂丘（鳥取県砂丘事務所提供）
Aerial view of the Tottcri Coast (Photo by Tottori Sand Dunes Office)

■ 3 カスプのbayの浜崖：左中央奥に馬の背砂丘
Beach cliff

■ 2 冬季高波浪期に現れるカスプ地形（2005〜2010）
Cusp

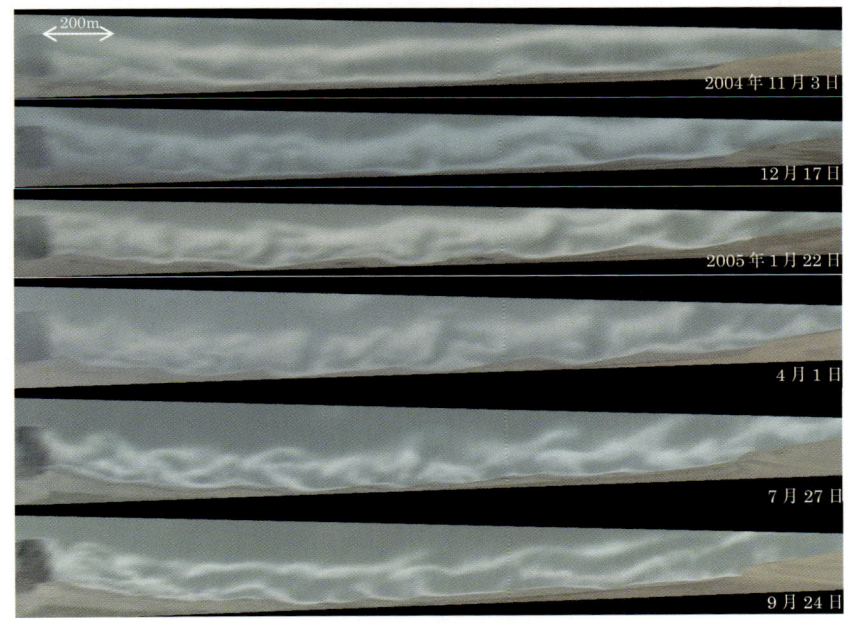

■ 4 砂丘海岸のARGUS画像（下が汀線，上が日本海）
AUGUS images of the shore line, offshore bar and lip channels

鳥取海岸

31 牛窓諸島 — 白砂青松の多島美をつくる花崗岩の島々（岡山県）
Ushimado Islands

The beautiful coastal scene of Seto Inland Sea is characterized by possessing an archipelago with white sand beaches and green pine forests. The Ushimado Islands and the mainland coast of Ushimado at the middle-eastern part of the South of Okayama Prefecture mostly consist of granite rock except for the easternmost island of Aoshima. The bright sunshine under the dry Seto Inland climate sheds a beautiful light on these white granitic coasts. This coastal landscape is often referred to as the Japanese Aegean Sea, where many people can enjoy marine leisure activities such as yachting, windsurfing, sea kayaking or fishing under the calm sea and fine weather conditions.

　瀬戸内海に面した岡山県の海岸は，東より日生諸島，牛窓諸島，児島半島，笠岡諸島に大別できる．牛窓諸島と児島半島の間は吉井川と旭川が流れ出る児島湾湾口で隔てられ，児島半島と笠岡諸島との間は高梁川河口とその周辺の埋立地に立地する水島工業地帯が東西の自然海岸を隔てる．県東部の日生諸島・牛窓諸島，西部の笠岡諸島では多島海の風景が広がる．日生諸島と備前市の沿岸海域には，多くのカキ筏が浮かぶ独特の内海的景観が見られる．

　瀬戸内市の旧牛窓町の海岸線は，本土側約20 km，島嶼部約17 kmであり，自然海岸が多く残されている（牛窓町史編纂委員会，2001）．牛窓諸島は，最も大きな前島（東西3.7 km，南北1 km，最高地点136.5 m）と，その南側に青島，黄島，黒島が連なる島嶼である．

　多島美を誇る瀬戸内海の海岸は，白い砂浜と緑の松林が「白砂青松」の風景をつくり出す．波浪の弱い瀬戸内海では大規模な海食崖や波食棚こそ見られないが，岩石海岸の波打ち際にノッチや海食洞・海食棚・タフォニ（岩盤表面の楕円の穴）などの侵食地形が発達する（池田，1998）．

　岡山県の岩石海岸は，主に流紋岩よりなる日生諸島以西では主に花崗岩によって構成される．牛窓諸島でも最も東の青島以外は花崗岩よりなる．花崗岩は，その風化土壌であるマサが「白砂」をつくる．一般に花崗岩地域では山肌に小規模な谷が密度高く発達する．地形図の等高線で見ると，屈曲した小刻みのカーブが多く，切り込みが深い（池田，1998）．この小規模な谷を刻んだ山地が後氷期の海進過程で沈水すると，小さな岬と小さな入江が交互に配列する海岸線がつくられる（■1）．入江にはマサが堆積して，白砂のポケットビーチがつくられる（■2）．

　前島の東山山頂に続く尾根には，江戸時代初期に大阪城の石垣用に切り出された石材の残石が残されている．瀬戸内海の島嶼や沿岸には，採石業・石材加工業が産業として営まれている地域が多いが，前島の花崗岩採石は，戦後の大阪・堺における臨海工業地帯の埋立需要で最盛期を迎え，その後，1970（昭和45）年まで続いた（牛窓町史編集委員会，2001）．また，前島と幅250 mの海峡を隔てた本土側海岸にある牛窓港は，近世において岡山版の内海交通の表玄関として，物資輸送とともに参勤交代や朝鮮通信使の寄港地として発展した（谷口・石田，1996）．

　現在の牛窓には西日本有数のヨットハーバーをはじめ，リゾートホテルやペンションなどの観光施設，海水浴場，キャンプ場などが立地しており，阪神方面からの観光客・レジャー客が多い．そこは晴天率が高く乾燥した瀬戸内式気候のもと，花崗岩の白い海岸を明るい太陽が照らす，「日本のエーゲ海」と呼ばれる多島海である．瀬戸内海の穏やかな海況のもと，ヨットやウィンドサーフィン，シーカヤック，釣りなどのマリンレジャーを楽しむ人々の姿が見られる（■3）．

［菅　浩伸］

■1 小さな岬と入江が交互に配列する黄島西岸の海岸線（2012，筆者撮影）
　Coastal feature of western coast of Ki-shima where small headlands and inlets arrange alternately. Photograph was taken in 2012.

■2 前島南岸のポケットビーチ（2012，筆者撮影）
　Small beach at the granitic coast of southern Mae-shima. Photograph was taken in 2012.

■3 牛窓諸島を航行するヨット：手前は前島の南斜面につくられたキャベツ畑，遠景は小豆島の山並み．（2012，筆者撮影）
　A yacht sailing in the archipelago of Ushimado. Photograph was taken in 2012.

32 島根県の海岸
Coast in Shimane Prefecture

The Coastline of Shimane Prefecture has a total length of about 1027 km, composed of 562km of coastline along the San-in Coast of the Japan Sea, the two lakes of Nakaumi and Shinji, and the 465 km of coastline of the Oki islands. The scenery is composed of a breathtakingly rugged coastline in Shimane Peninsula and Oki islands and a sand dune coast formed by the discharged sediments from Chugoku Mountains in the Izumo district. In the Iwami district situated to the west of this prefecture, sandy beaches and ledge coasts are alternately formed over a length of about 100 km due to a variety of geological conditions in the area.

島根県の海岸線は，松江，出雲および石見地方の東西沿岸と，中海および宍道湖沿岸の約562 km に，隠岐諸島沿岸465 km を加えて，約1027 km の総延長となる．その海岸地形は，隠岐諸島の海岸や島根半島東端の美保関から西端の日御碕までの海岸に代表されるように，背後に断崖絶壁を有し岩礁が海へ突き出た岩礁海岸で日本海季節風浪による火山性岩石の波浪侵食海岸に属する．一方，出雲地方の大社湾から石見地方沿岸にかけての海岸地形は，島根県民歌（薄紫の山脈）の一節に「磯風清き六十里」と唱われているように白砂青松の海岸が点在し，中国山地を源に持つ4つの一級河川（斐伊川，神戸川，江の川，高津川）に代表される各水系からの流砂による漂砂堆積海岸をなしている．

出雲地方の大社湾に面した漂砂堆積海岸は，三瓶火山の約5000年前と約4000年前の火山活動期に斐伊川，神戸川から供給された土砂による三角州および扇状地によって構成されている．特に斐伊川は，風化しやすい花崗岩質の上流地域を貫流することから，古くから度々洪水が起こっており，それが八岐大蛇伝説の元になったとも言われており，寛永12（1635）年の洪水の際に宍道湖へ河道をつけ替える前は，現在の神西湖を通じて日本海にそそいでいた．そのため，大社海岸に大量の砂が堆積し，その砂は日本海特有の強い西風によって陸上部へ吹き上げられ，南北方向に細長く2条の砂丘地形として出雲砂丘と浜山砂丘をつくりだした．また，斐伊川水系においては，奈良時代から鉄穴流と呼ばれる砂鉄の採掘が行われ，大量の土砂が流されたことも相まって，大社湾に面した海岸の底質は細流化された砂質成分が卓越している．この地方の砂質海岸の中でも特に出雲市大社町の稲佐の浜海岸は，出雲神話の「国譲り」の舞台として有名な浜でもあり，この海岸で一際目立つ島へは砂の移動形態の変化から砂浜がつながり歩いて渡れるようになっている．また，太田市仁摩町の琴ヶ浜は，砂浜全体の約1.6 km にわたって歩くと砂がキュッキュッと音を出す鳴き浜として有名な海岸で，砂の粒子が細かく丸みを帯びて均一なことから砂時計にも用いられている．これら2つの海岸は，それぞれ「日本の渚百選」にも選ばれている．

県西部の石見地方では，広々とした砂浜と岩礁海岸が約100 km にわたって交互に点在し，変化に富んだ海岸線が形成されている．その中でも浜田市の畳ヶ浦は，海面下の砂岩や礫岩などの岩盤が波によって侵食された波食棚が1972年の浜田地震の際に隆起してできたものである．波食棚の表層には，波によって浸食された亀裂が縦横に広さ約4.9 ha にわたって見られることから，「千畳敷」と名称されている．

［松見吉晴］

■ 1 日御碕：島根半島の波浪侵食海岸として日御碕は，流紋岩からなる多角形の柱状に配置された柱状節理による海崖と，その前に波により侵食された岩礁が隆起した波食棚から構成されている。(2012.3.20撮影)

Hinomisaki is located in Shimane Peninsula, and it is the rocky shore composed of the raised abrasion platform and a sea cliff made of polygonal and columnar rhyolite.

■ 2 稲佐の浜：大社湾の北端に位置し，出雲大社の西に位置する海岸である．出雲神話の大国主命と武甕槌神による国譲り舞台となったところでもある．(2012.3.29撮影)

Inasa-hama is a sandy coast located on the northern extremity of Taisha bay, famous as the place of "Kuniyuzuri of Okuninushi" for giving away control of the land in a part of Japanese mythology.

■ 3 畳ヶ浦：所々に丸く突起している石は，貝殻に含まれる炭酸カルシウムによって砂岩層がコンクリート状になったもので，学名は「ノジュール」と呼ばれる．(2012.3.20撮影)

The protuberances seen in this photo are sandstone rocks of irregular round shapes. Their scientific name is "nodule", formed when the sand bed is solidified under the action of calcium carbonate contained in the seashells.

島根県の海岸

33 広島湾 — 歴史と自然に酔う
Hiroshima Bay – attractive history and nature

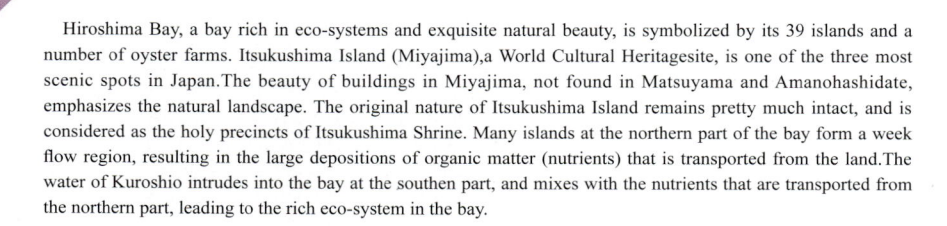

Hiroshima Bay, a bay rich in eco-systems and exquisite natural beauty, is symbolized by its 39 islands and a number of oyster farms. Itsukushima Island (Miyajima), a World Cultural Heritage site, is one of the three most scenic spots in Japan. The beauty of buildings in Miyajima, not found in Matsuyama and Amanohashidate, emphasizes the natural landscape. The original nature of Itsukushima Island remains pretty much intact, and is considered as the holy precincts of Itsukushima Shrine. Many islands at the northern part of the bay form a week flow region, resulting in the large depositions of organic matter (nutrients) that is transported from the land. The water of Kuroshio intrudes into the bay at the southen part, and mixes with the nutrients that are transported from the northern part, leading to the rich eco-system in the bay.

広島湾は海に浮かぶ島々と牡蠣養殖に象徴される美しく，豊かな海である．広島湾は日本最大の内海である瀬戸内海の奥部に位置する島嶼部の特性を持つ閉鎖性の海域である．点在する大小39の島々は世界にも希な美しい景観を与えている．代表的な島は厳島（宮島），能美島・江田島（現在2島は陸続き），倉橋島である．世界文化遺産である厳島は日本三景の一つでもあり，松島や天の橋立にはない構造物の美しさが自然景観を引き立たせている．広島湾にある多数の島では，人が生活の場としており，自然海岸は少なくなっているが，厳島は厳島神社の神域として，古くから自然が守られてきた．厳島には瀬戸内海の自然の特質を知ることができる貴重な海岸が残っている．海岸線では海底からの淡水の湧き出しが多く，厳島周辺では弥山から流出する表層水に加えて豊富な量の湧水がひじき，ワカメなどの海藻を育み，豊かな海岸域を形成している．

広島湾を代表するカキ養殖は干潟を利用しない筏垂下式養殖法が北部海域を中心に広く普及し，生産量が増加した．筏垂下式養殖法は自然環境をうまく利用した養殖法であり美味しい牡蠣を効率的に育てている．干潮時に大気に身をさらし強い牡蠣のみを育てる抑制棚は干潟の特性を生かした生産法である．1967年以降は年間3万tを超す生産量に達したが，近年では悪性の赤潮の発生や生産調整などにより，約2万tの生産量で推移している．

広島湾の境界には様々な見方があり，文献によって湾の範囲が異なっている．瀬戸内海環境保全特別措置法（瀬戸内法）では，広島湾は屋代島（山口県）～怒和島（愛媛県）～倉橋島（広島県）を結んだ海域面積 1043 km^2，流域面積 3743 km^2 の海域とされている．また，海域の特性から北部海域と南部海域に分けられることも多い．厳島～能美島の北海岸を北部海域，屋代島までを南部海域と称する場合が多いが，海図などでは岩国～倉橋島以南の南部海域が安芸灘と記述されている．北部海域の水深は10～20 m程度，南部海域は40 m程度であり，潮汐差は大潮で約4 m，小潮でも約2 mある．

広島湾の北端（広島デルタ）の海岸線は広島城が築城された当時の1600年頃には現在の海岸線から約5 km北側の平和大通り付近であった．埋立が進められ明治時代には，海岸線は約2 km南に移動している．現代ではさらに約3 km埋立てられ，浅場の減少が際立っている．広島湾に存在する干潟は 400 ha程度であり，そのほとんどは南部海岸に存在している．北部海域湾奥部にあった干潟は埋立のため海岸線から姿を消している．現在では広島市内を流れる太田川の河道内に発達した河口干潟が代表される干潟である．太田川デルタの緩やかな河床勾配と約4 mの潮位差によりその面積は 160 haを越えている（河道面積 810 haの約20%）．

広島市の中心部である太田川デルタには扇頂である海岸線から約10 km地点にも海水が遡上

■1 似島のカキの抑制棚：対岸は江田島．抑制棚で自然の厳しさを経験したカキはその旨みを引き出している．
 Control-shelf of oysters in Ninoshima at the northern part, the island at the front is Edajima.

■2 宮島弥山から大野瀬戸を望む：眼下には厳島神社
 Miyajima, distant view of Ohno Seto from Mt. Misen. A bird's-eye view of Itsukushima-jinja Shrine.

■3 倉橋島（呉市）城岸鼻から岩国, 大竹方面を望む：北部海域と南部海域境界．
 Distant view of Iwakuni, Ohtake area from Jyougannhana at the southern tip of Kurahashijima

広島湾

し，汽水域を形成している．6本の河川に分派する太田川は地盤高さや河川形状がいりくんでいるため市内を流れる派川ごとに流下する淡水量が異なっている．各々の河川で変化に富んだ塩分状態が多種多様の生物や植物を棲息させている．河川沿いに海域～汽水域に棲む面白い生物相を楽しむことができる．太田川市内派川は貴重な汽水域であり底生生物の生産量は極めて高い．太田川に棲む太田川しじみは粒が大きく黄金に輝くシジミであり牡蠣と並ぶ水産資源となっている．

海域奥部には太田川が運んだ砂礫が堆積し，洪積砂礫層が形成されたが，従来から存在していた砂礫層の上に有機物の付着した有機泥と呼ばれる細泥が堆積し15mを越える沖積細泥層が形成されている．北部海域には小規模な湾が流れの弱い水域を形成し，陸から多くの有機物が運ばれ微細土粒子に有機物が付着し富栄養化した有機泥が過度に堆積した海岸，河口域が多くある．昭和の中頃から浅場に有機泥が堆積し始めた．浅場に堆積する有機泥には油脂成分が多く含まれているために有機泥はヘドロ化し，親水性，景観を阻害している．河岸に堆積した有機泥は，高度成長期以降に河口～沿岸域に堆積したものであり潮汐によって再び河川内に運ばれている．

一方，2000年頃から海面上昇が深刻な問題として表面化しており，最近の50年間では約30cmの海面上昇が観測されている．広島市街は1969年に過去の洪水と高潮水位から決定された平均潮位面から4.4mを計画潮位として高潮堤防が整備されているが，未だに完全な整備状態には至っていない．2004年8月下旬と9月上旬に来襲した台風16号，18号では2mの高潮が発生し大きな被害を受けた．

水位の上昇の主な原因は黒潮が運ぶ暖水塊である．黒潮系暖水塊の接岸と太平洋高気圧の発達により海水面が最大となる9月の大潮時には厳島神社の回廊まで水位が上昇し参拝を阻害している．黒潮流路に強く依存した海水温の上昇が顕著であり，湾内では30年間に数℃の水温上昇がある．海水温の上昇はハリセンボン，ゴンズイ，ササノハベラなどの南方系の魚種の流入につながっている．タイワンガザミの急増は顕著で，在来のガザミを圧迫し漁獲数は逆転している．

北部海域では埋立てが進み人工的海岸線が続くが，南部海岸では自然海岸が多く残っている．南部海域では黒潮系の水塊が流入し，北部海域からの栄養塩と相まって豊かな自然が育まれている．島嶼部での流れは変化に富んでおり，海峡部の流れは複雑である．能美島の南側と倉橋島北側に囲まれた海域の流れは速く，特に早瀬の瀬戸では大潮の引き潮時に渦潮ができるほどである．これらの自然環境が「きれいな海に多い生物」の棲息を促進している．干潟に棲む生物は豊かで，岩礁には極めて多くの藻類，貝類が付着している．

古来，広島湾は日本の玄関口として経済が発達し歴史をつくり，自然の美しさを誇示してきた．戦後の復興とともに微生物から人間活動に至る生活の循環が崩れ自然を損なう場面もあったが，今，人々の意識とともに広島湾の自然は再生に向かっている．

［日比野忠史］

■ 4 大竹コンビナート沖の巻き網の（イワシ漁）操業
Operation of fishing net offshore of the Ohtake complex

■ 5 護岸を超える高潮：台風により海水面が盛り上がる．
Sweeping high tides across coastal revetment. High Sea level in the photo are due to the passage of a typhoon.

■ 6 高潮位による厳島神社舞台の冠水：近年，晴天時に高潮位による浸水が頻繁に起こるようになった．
Submergence of stage of Itsukushima-jinja Shrine by high high water levels. In recent years, high water levels often occurred even during fine weather.

広島湾

34 伊予市森海岸
Mori beach in Ehime Prefecture

Mori beach in Ehime prefecture is situated at the southwest part of the Seto Inland Sea. The beach is made of dark colored pebbles. Ordinary beaches in the Seto Inland Sea are made of bright ochre sands or rocks. The materials and the color of Mori beach thus contrasts with other beaches in the Seto Inland Sea. On the other hand, the calm sea state at Mori beach is common to that found at other beaches, which has resulted in a coastal scene of houses, factories and rice fields located close to the shoreline. The beaches in the Seto Inland Sea are hence closely associated with the development of human activities.

　森海岸は四国から九州に細長く伸びる佐田岬半島の付け根から瀬戸内海側を半島の長さほど東に戻った所にある．松山市から見れば約 15 km 南西にあり，松山平野の南端に位置する．当海岸は森川という小さな川を東端として南西方向に 1 km ほどの長さを持つ．最寄り駅の JR 伊予市駅あるいは伊予鉄郡中港駅から 3 km 程離れているので，通常は車などでアクセスすることになり，夏場の海水浴シーズンを除けば訪れる人は多くない．

　森海岸から南西方向に佐田岬半島に連なる山々を見ることができる．同海岸は礫海岸（小石のある海岸）であり，黒っぽい色をしている．礫は数 cm 程度で消しゴム大のものが多く，礫のすぐ下に砂があることの多い河川の場合より厚く堆積している．一方，鳴門海峡から佐田岬先端までの瀬戸内海四国側の海岸は，概ね風化した花崗岩による明るい黄土色の砂浜ところどころ岩といった状況であり，森海岸とは対照的である．ここでは他とは幾分変わった特徴を持つ森海岸を通して瀬戸内海の海岸を眺めてみる．

　森海岸の陸側には田畑が広がっている．田畑越しに森海岸から西側の伊予灘を望めば，青島や防予諸島の島影を認めることができる．この方向の吹送距離（風が海上を吹き渡る距離）は 50 km 程度である．西寄りの強風が吹けば 2～3 m の波が打ち寄せると思われるが，普段は穏やかである．佐田岬半島から太平洋側の海岸では瀬戸内側より波が大きいので，普段でも海岸で砕ける波や波で礫の転がる音がする．森海岸ではそうしたこともなく穏やかで静かである．とはいっても同海岸にも年に数個程度台風が接近するし，冬季の季節風によって荒天となることもある．森海岸に限らず瀬戸内海沿岸に高波・高潮による被害を生じた近年の例として 1991 年の台風 19 号，2004 年の台風 16 号と台風 18 号が挙げられる．

　森海岸では海岸近くまで田畑が迫っている．瀬戸内では海岸縁に工場や民家が建てられていることも多いし，埋立地や港として利用されている箇所もあり，人間とのかかわりが深い．海側から海岸を眺めれば家屋などが映りこむことも多いので，陸側から海岸を眺める方が自然に近い印象を得ることができる．他方，満潮時と干潮時の潮位差が 2 m 前後あるので，干潮時に海岸を訪れた方が広範囲に観察できるし，満潮時より海に近づくこともできる．また海岸の特性を捉えるためには，海岸の形からそこにある個々の砂や礫の形に至る種々のスケールで観察することが必要と考えられる．広い範囲の海岸の観察には空撮が適すると考えられるけれども一般的とは言えない．そこで海岸を知るためには見晴らしのよい山に登って広い範囲の特徴を把握した後，その中で興味を引かれた場所を訪れるのがよいかもしれない．

［畑田佳男］

■ 1 森海岸から見た佐田岬方向 (2002.5)
Landscape of Sadamisaki at Mori beach

■ 2 伊予灘を望む (2001.11)
Offshore scene from Mori beach

■ 3 道後平（標高 200 m）から松山城越しに森海岸の方向を望む (2001.9)
Distant view of Mori beach from a hill

伊予市森海岸

99

35 竜串海岸 — 自然再生でよみがえった海
Tatsukushi Coast: The sea which was revived by nature restoration projects.

Tatsukushi Coast is famous for its fantastic scenery of oddly-shaped rocks eroded by the power of the wind and waves, and for its beautiful underwater scenery rich in coral communities. However, these coral communities have decreased because of the environmental stresses placed on them, such as the soil inflow from watershed areas from the 1980s till the 1990s. In addition, in September 2001, a large quantity of soil flowed into the Gulf of Tatsukushi due to a flooding caused by heavy rains. The beautiful underwater scenery recovered ten years after this disaster as a result of nature restoration projects carried out by the Ministry of Environment, the local public, and many other stakeholders.

　四国最南端の足摺岬から16 kmほど北西に，間口2 km奥行き2 kmほどの小さな湾がある．湾岸には第三紀層の砂岩と泥岩が層になって露出していて，風や波に侵食されて独特のハチの巣模様や，大竹小竹，欄間石，鯉の滝登りなどと呼ばれる奇岩が見られる．景勝の地，竜串海岸である．竜串海岸はアナジャコの巣穴などの生痕化石や化石漣痕が多数見られる場所としても知られている．竜串海岸の魅力は奇岩の景観だけではない．海の中には高緯度でありながら造礁サンゴ類を中心とする，まるで沖縄のサンゴ礁のような景観が広がっていることから，1970年に日本初の海中公園（現・海域公園）地区として指定されている．中でも高知県の天然記念物に指定されている見残しのシコロサンゴ群落は日本最大級の規模で見応えがある．

　ところが観光客の増加による観光開発や幹線道路の整備，湾内に流入する三崎川流域での大規模な農地造成や港湾工事，オニヒトデやサンゴ食巻貝類の大量発生など様々な要因が重なって，1980〜90年代にかけて竜串海岸の造礁サンゴ群集の劣化が明らかになってきた．さらに2001年9月，高知県南西部に激しい集中豪雨があり，竜串湾の流域でも多数の山腹崩壊と土石流が発生して多量の土砂が流入堆積し，海域一帯が泥水のように濁った状態が2ヶ月近くにわたって続いた．竜串海岸の造礁サンゴ群集は大きな被害を受けたのである．

　竜串湾のサンゴ群集衰退の主な原因は流域にある．海域は足摺宇和海国立公園に指定されており，環境省が様々な施策を講じることができるが，流域の山林のほとんどは国立公園の区域外である上に，国有林，県有林，民有林が入り交じっている．同様に田畑や民家，旅館，観光施設や河川など，竜串湾のサンゴ群集に影響を与えていると思われる施設などの管理主体は多様で，しかも多くが公園外に位置している．そのため，環境省が公園管理を行うという発想では衰退したサンゴ群集の再生・保全を行うために十分な対策は実施できない．そこに登場したのが，2003年に施行された「自然再生推進法」である．この法律は過去に損なわれた自然環境を取り戻すために，地域の多様な主体と行政が，これまでの枠を超えて連携するための手続きを定めたものだ．竜串湾のサンゴ群集の再生・保全を行うにはまさにうってつけの仕組みである．

　早速環境省が中心になって竜串自然再生協議会が設立され，関係者が一堂に会して対策を検討した結果，環境省により自然に浄化され難い濁りの元となる海底の堆積土砂が除去され，国・県・民間それぞれの努力により人工林の除間伐が進み，県により河床に堆積した不安定土砂が取り除かれ，地域住民は増加したオニヒトデなどサンゴ食害生物の駆除や海岸清掃を実施するなど，多くの対策が実施された．その結果，水害から10年後の2011年には美しいサンゴ群集の景観が再生し，協議会は現在，この自然環境を未来にわたって維持する方策を検討している． ［岩瀬文人］

■1 竜串海岸の奇岩（2012.2，岩瀬文人撮影）
The oddly-shaped rocks at Tatsukushi Coast

■2 見残し湾のシコロサンゴ群落（2009.8，浜口和也撮影）
Pavona community at Minokoshi Bay

■3 自然再生プロジェクトによって見事に回復した竜串湾のサンゴ群集（2010.1，浜口和也撮影）
Beautiful coral community in Tatsukushi Bay that recovered by the Tatsukushi Nature Restoration Project

竜串海岸

コラム 2　九州・四国・本州のサンゴ群集
Corals in Kyushu, Shikoku and Honshu

Reef-building corals are not restricted to tropical and subtropical areas. They are also distributed in temperate areas including Kyushu, Shikoku and Honshu and are an important component of Japanese coasts. Highest-latitude records in both coral reef formation and coral occurrence are found in the temperate area. In response to decreases in sea surface temperatures along a latitudinal gradient, decreases in species numbers and changes in dominant species have been observed. Corals are also sensitive to warming seas. Recent sea surface temperature warming allows a poleward range expansion of tropical reef corals into the temperate area, which could result in significant modification of Japanese coastal ecosystems.

　南北に長い日本では，熱帯や亜熱帯に起源を発する生物の分布北限が各地で観察される．その中でも，日本の海岸を特徴づける生物は，サンゴ礁をつくり上げる造礁サンゴ（以下，サンゴ）であろう．本コラムでは，九州・四国・本州にかけての温帯に分布するサンゴ群集に関して，その特色と現在起こりつつある変化について紹介する．

　日本においては，南から北に向かって，緯度の増加にともなう水温低下によるサンゴ礁地形とサンゴ群集の両方の変化を観察することができる．長崎県壱岐島と対馬島に世界最北のサンゴ礁地形の形成が確認されている（Yamano et al., 2012）ものの，沖縄から北に向かうにつれてサンゴ礁の規模は小さくなり，最寒月の平均水温が18℃である鹿児島県種子島周辺を境に，それ以北の九州・四国・本州ではサンゴは分布するが基本的にはサンゴ礁は形成されない．しかしながら，サンゴ礁をつくらなくとも，サンゴは海中景観を形成しており，日本の海岸を特徴づける大きな要素となっている．例えば，和歌山県串本町の地先には広大なサンゴ群集が広がっており，その海域が環境省によって海域公園に指定されている．また，世界最北のサンゴ生息記録が新潟県佐渡島で見られる（Honma and Kitami, 1978）．

　サンゴの種数は，沖縄県石垣島周辺では363種が報告されているが，東シナ海〜日本海側では長崎県壱岐島で27種，島根県隠岐諸島で3種，太平洋側では和歌山県串本町で95種，千葉県館山市で23種（西平・Veron, 1995と筆者らのデータによる）というように，サンゴの種数は分布北限域に向かって減少する（■1）．種数だけでなくサンゴの種類も変化し，優占する種がミドリイシ科のサンゴからキクメイシ科のサンゴとなる（杉原ほか，2009）（■2, 3）．長崎県壱岐島と対馬島にある世界最北のサンゴ礁はキクメイシ科のサンゴで形成されており（Yamano et al., 2012），ミドリイシ科のサンゴから形成される熱帯や亜熱帯のサンゴ礁とまったく異なった様相を呈している（■3）．また，ニホンアワサンゴなど，世界でも九州・四国・本州でしか観察されない固有種も存在する．

　近年，地球温暖化による水温上昇がサンゴに与える影響が大きくとりあげられるようになってきた．日本近海においては，水温が最近100年間で0.7〜1.6℃上昇したことが明らかとなっている（高槻ほか，2007）．沖縄においては，高水温ストレスによってサンゴに共生している褐虫藻が抜け出す「白化現象」が頻繁に観察されるようになった．一方で，九州・四国・本州においては，水温の上昇にともなって，ミドリイシ科のサンゴの分布が北上していることが明らかとなった（Yamano et al., 2011）（■4）．水温上昇で熱帯のサンゴが白化現象で死んでしまうと懸念されている今，九州・四国・本州のサンゴ群集は，日本の沿岸環境への地球温暖化の影響を知る上でも，これからのサンゴの存亡を考える上でも，非常に重要な対象となるであろう．　［山野博哉・杉原　薫］

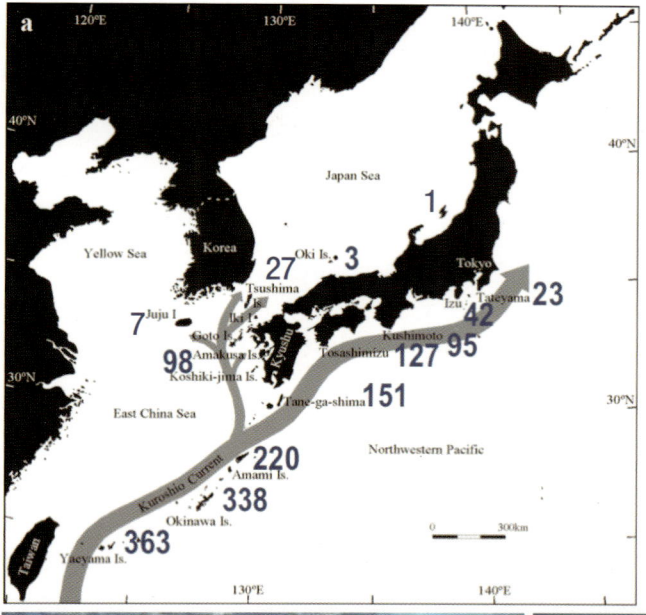

■1　日本周辺のサンゴ種数
　　Coral species numbers around Japan.

■2　和歌山県串本のミドリイシ科（クシハダミドリイシ主体）の群集
　　Coral communities of Kushimoto, Wakayama Prefecture, dominated by Acroporiid corals (mainly *Acropora hyacinthus*).

■3　長崎県壱岐島のサンゴ礁を形成するキクメイシ科（キクメイシ主体）の群集
　　Merulinidae corals (mainly *Dipsastraea specioa*) forming the coral reef at Iki Island, Nagasaki Prefecture.

■4　水温上昇に伴って北上したサンゴ：長崎県福江島のスギノキミドリイシ（左），千葉県館山市のエンタクミドリイシ（右）．
　　Corals that showed northward range expansions due to sea temperature warming. *Acropora muricata* at Fukue Island, Nagasaki Prefecture (left) and *Acropora solitaryensis* at Tateyama, Chiba Prefecture (right).

36 博多湾
Hakata Bay

Hakata Bay faces the Sea of Japan and is located in north-western Kyushu Island, western Japan. The bay covers about 134 km² of water surface and its opening to the sea is 7.7 km wide. The coastal area around the bay is part of Fukuoka, a city of 1.5 million people. The port is one of the oldest in Japan. The bay contains diverse natural coastal features, including a large sand spit that serves as a natural breakwater, keeping the inner bay calm. The eastern half of the bay has been reclaimed and developed, while the western half remains more natural and has been designated as Genkai Quasi-National Park.

　博多湾は，開発と保全のバランスが比較的とれている湾である．湾域はすべて150万人都市福岡市に含まれているが，その海岸の自然は実に多様である．博多湾は，九州北西部に位置し日本海に面した小湾で，面積は約 134 km²，南北は 10 km，東西は 20 km，湾口は 7.7 km である．「海の中道」と呼ばれる約 8 km の砂州が湾口の志賀島につながって外海の風波をさえぎり，その内側には静穏な水面が広がっている（■1, 2）．この海岸の自然条件が「はかた津」の湊として港湾都市が発達する要件となり，一方で海岸の風光明媚さを愛でる文化も育んできた．

　博多湾東部は，古代より都市が形成されて埋立が進んでおり，海岸はほとんど人工化されている．その一部は，海浜公園として人工砂浜や松林が整備されている．洋上の渡船からは，高層ビルやドームの人工美と，背景の脊振山の緑が融合した景観が望める（■3）．西部は玄海国定公園として景観保全がなされ，白砂青松，照葉樹林の島々，砂嘴，砂丘，干潟と多様で美しい海岸が残っている．岩場の岬はよきランドマークであり，東部は香椎の名島，湾央は愛宕山，西部は姪浜の妙見岬があり，付近は眺望絶佳の住宅地ともなっている．博多湾奥には，かつて干潟が広がっていた．湾に大河川は流入していないが，約 7 本の中小河川の河口には干潟が広がり，それに連なった砂浜や砂丘が見られた．現在でも，干潟の周辺地形の小規模な砂嘴やラグーンが，雁ノ巣などにわずかに残存している．

　海の中道は，博多湾の最大の特徴である．大都市に隣接してかなりダイナミックな海岸がある．大陸から玄界灘を吹き渡ってくる冬の季節風が飛砂を運び，砂丘が形成された．基部の奈多地区では，砂丘は高さ 30 m にも達するが，一方で侵食が進み，大きさ数 m 規模の砂の塊が海食崖の波打ち際に転がっている（■4）．この砂州の玄界灘側は鳴き砂の美しい砂浜であり，市民の海水浴場や釣り・散策の場所であった．現在は，国営の海の中道海浜公園として，水族館やレジャー施設，砂丘の環境学習エリアとなっている．

　今津干潟は，面積は約 80 ha，大原海岸・長浜の砂浜の背後のラグーンに，脊振山脈から流下する瑞梅寺川の河口に形成された干潟である（■5）．湾口には約 300 m の浜崎砂嘴があり，先端部には八大竜王が祀られている．今津は，かつてはハゼ釣り場として有名であったが，泥質化が進み，現在，漁業利用はほとんどない水域となっている．しかし，カブトガニの産卵地・幼生生育地，クロツラヘラサギなど渡り鳥の渡来地となっており，希少生物の生息地として重要性が増している．地域住民を中心に行政，大学も連携して，干潟再生活動や環境教育が熱心に行われている．

　博多湾の最後の大規模開発が，約 400 ha の人工島建設である．工事は 1994 年に開始され，現

■1 博多湾（衛星写真，提供：JAXA）
Hakata Bay

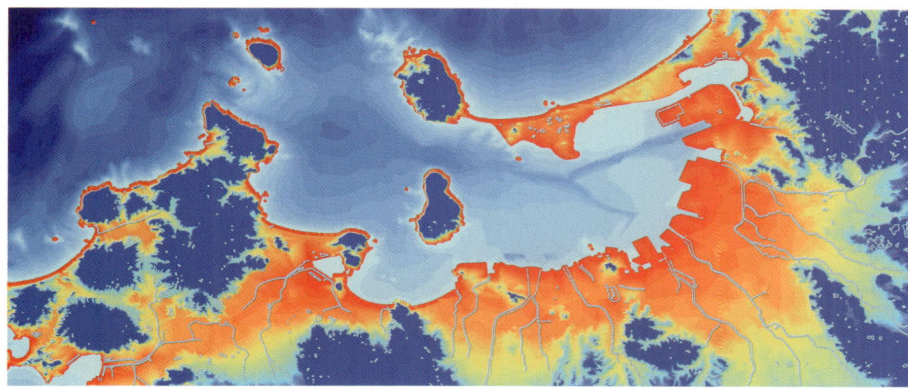

■2 博多湾の地形（陸上は国土地理院，海底は日本水路センターのデジタルデータを使用し，九州大学で立体地図を作成）
Landform of Hakata Bay

■3 博多湾の都市的風景
Urban landscape in Hakata Bay

博多湾

在は概成している．約3割が，博多港の埠頭や住宅地として供用されている．当初の開発計画では，和白干潟を埋め立てて陸続きの埋立が計画されていたが，干潟の自然保護の面から，沖合人工島へと位置の変更がなされた．和白干潟は，地形的には残ったが，前面に人工島が出来たため，水路に面した環境条件となった．渡り鳥が飛来し，潮干狩りも行え，小規模ながら塩湿地も残る環境である．

　元寇防塁は，1276年に元寇の上陸を阻止するために砂浜に建造された，約20 kmにわたる石垣である（■6）．鎌倉幕府に仕えた武家が分担して建造したといわれ，『蒙古襲来絵詞』に描かれた風景のまま残っている．現在は，西部の今津，生の松原の松林の中や，西新の都市部に残っており，一部が発掘・整備され国指定史跡となっている．

　博多湾では，近代生物学の黎明期に，九州大学などで多くの研究がなされた．生きている化石のカブトガニやナメクジウオなどの生物学的に貴重な生物が大学の地先の海岸に生息している絶好の研究条件であった．近年，これらの生物は絶滅危惧種となってしまった．カブトガニは，九州大学箱崎キャンパスの目の前の砂浜に産卵し，干潟で幼生や成体が観察されていたが，都市臨海部の開発により生息地のほとんどが埋立で失われ，博多湾東部ではほとんど見られなくなった．現在は，西部の今津干潟で産卵や幼生が見出されている．本種の地域個体群は，博多湾からその周辺の玄界灘沿岸海域に生息していると考えられるが，個体数は成体が数十のオーダーであり，絶滅危惧の状態が続いている．

　近年は，漂着ゴミが深刻である．ゴミ削減やポイ捨て禁止の国内的な努力が進む一方，特に海外からのゴミは，近隣諸国の経済発展に伴い激化している．博多湾の流入河川や海岸については，市民団体の呼び掛けに行政も呼応し，毎年6月のラブ・アース・デーの湾岸一斉清掃が継続されている．随時，各浜には自治会，ボランティアの会，学校などや個人のビーチクリーン活動があり．海底清掃は伊崎漁業協同組合により行われている．

　博多湾には，歴史にもとづくその時代の人々の自然観の興味深い物語がある．「帆柱石」は，福岡市東区名島にある，国指定天然記念物である．『日本書紀』に神宮皇后の遠征の神話があるが，その際に船を舫った木が石になったと伝えられている．江戸時代の『筑前名所図会』の絵図にも記載があるが，実際には，珪化木の化石である．

　博多祇園山笠と筥崎宮の砂浜は，湾東部にあって埋立工事区域を湾入させて消失を免れた箇所である．博多湾岸の多くの神社は，海からお参りする動線となっている．海岸には鳥居があり，そこの砂浜は聖なる場所であった．博多祇園山笠の祭には，砂浜が不可欠である．祭の始まりは，筥崎宮の参道の鳥居のある砂浜で"お汐井"という真砂を採り，神輿にあたる山笠を清める．

　また，博多湾の多様な海岸は，博物学の系譜も生み出している．福岡藩士の貝原益軒は，17世紀後半に活躍した博覧強記の人である．藩内の詳細な現地踏査を行い，『大和本草』は博物学，『筑前国続風土記』はモノグラフだが，いずれも学際的な自然史書である．海の中道の奈多濱については，「繪に書きたるよりも面白く，朝夕に見れ共あかず，いと勝たる佳境なり」と記述し，他の海岸や干潟での人々の営みについても生き生きとした表現を残している．

　このように博多湾の海岸は，多様な自然とそれを楽しむ人々とのつながりが随所に見られる．歴史ある海岸には，一つの岩，一つの砂浜も物語が残っている．人間のハビタットとしての海岸地形の活用が観察できる，一種の箱庭的空間である．

［清野聡子］

(a) 侵食 　　　　　　　　　　　　　(b) 砂丘と砂浜
■ 4　海の中道
Umi-no-nakamichi (a) Erosion, (b) Dune and sandy beach

■ 5　今津干潟
Imazu Tidal Flat

■ 6　元寇防塁
The Fortress against
Mongolian Invasion

博多湾

107

37 東与賀海岸
Higashiyoka Coast in the inner part of Ariake Sea

Ariake Sea, located in the western part of Kyushu island, is a semi-closed sea which faces the coast of Fukuoka, Saga, Nagasaki and Kumamoto prefectures. The maximum tidal difference in the inner part of Ariake Sea reaches about 5 m, and this tidal change greatly affects sediment transport in the estuary. The muddy coast is wide in the inner part of Ariake Sea, and this area was reclaimed and developed as an arable area since old times. Higashiyoka Coast was originally created as the result of large land reclamation and coastal protection projects in the area. Presently, the public park in the coast is a popular place of recreation and relaxation for the citizens of the area.

　九州の西部に位置する有明海は，福岡，佐賀，長崎および熊本各県の沿岸に面した半閉鎖性の水域である．有明海の湾口にあたる早崎瀬戸から湾奥にあたる住ノ江までの湾軸長は約 100 km，平均幅は約 15 km，平均水深は約 20 m，総面積は 1700 km^2 である．また，有明海では半日周期の潮位差が大変大きく，佐賀県六角川河口の住ノ江港では大潮平均の潮位差が約 5 m にも達し，我が国最大となっている．そのため，大潮干潮時に出現する干潟は 6～10 km にもわたり，その干潟面積は我が国の干潟全体の約 40 ％（2 万 713 ha）にも及ぶ．干潟を構成する底質材料は，湾口に近い熊本沿岸部で比較的粗いシルト土砂，湾奥部にあたる佐賀県沿岸部で微細な粘土土砂が堆積する傾向にある．このことは，湾奥部に位置する佐賀・低平地域が軟弱地盤で形成され，現在もなお沿岸域での土木工事などを困難にする大きな原因となっている．一方，有明海湾奥部の海岸は，特に泥干潟の発達が顕著で，有明海の潮汐の営力により形成された佐賀平野や白石平野は地味肥沃な水稲地帯である．また，全国でも有数の干拓適地として古くから沿岸部の干拓開発が行われている．さらに，計画高潮位（T.P. 5.02 m）以下の低平地域が沿岸部から 30 km 近くまであり，平野を流れる多くの河川も天井川であるため，昔から高潮や洪水など堤内および沿岸部で自然災害の影響を受けやすいことも海岸堤防を含めた干拓事業の促進を助長したと言える．

　東与賀海岸は，有明海湾奥部に流入する八田江川右岸に位置する堤防延長 7100 m の海岸である．堤防前面にはムツゴロウをはじめとする泥質干潟特有の生物相が形成されている．なお，八田江川は江湖であり，有明海の潮の往来により形成された澪筋が川になったものである．その河口部に形成された東与賀海岸の歴史は干拓事業の歴史そのもので，1871 年に大搦（おおがらみ），1887 年に授産社搦（じゅさんしゃがらみ）が起工し，現在の海岸堤防を構築する大授搦（だいじゅがらみ）の完成はさらに後の 1962 年である．また，二線堤という名称で旧干拓堤防が今もなお多く存在する．二線堤とは，海岸堤防の本堤背後につくられた堤防で，本堤が決壊した際の予備堤としての役割も大きく，近年では高潮や洪水時の減災対策として注目を集めつつある．現在，東与賀海岸には市民のための「干潟いこいの広場」やアカザ科の塩性植物で季節とともに色合いを変化させる「シチメンソウ」が堤防前面域一面に植樹され，日本ではここでしか見ることのできない風景が彩られ，秋の紅葉時には多くの観光客が訪れる．八田江川の堤防を南に下る水域では，ノリ漁が活発でシーズンともなると多数の漁船が行き交う場となる．近年，有明海沿岸漁場の悪化が叫ばれる中，かつての豊かな海・有明海を取り戻すことが有明海沿岸漁業関係者の切実な願いであるとともに，ここ数年来の緊急かつ重要な課題となっている．

［山西博幸］

■ 1 八田江川河口と東与賀海岸（右）(2010，山西博幸撮影)
　Hattae River mouth and Higashiyoka Coast, on the right side of the photo

■ 2 秋に紅葉するシチメンソウ(2007，山西博幸撮影)
　Suaeda japonica Makino turned red in autumn

■ 3 大搦・授産社搦堤防周辺：明治初期（1880年頃）の潮受堤防で2004年に土木学会選奨土木遺産，2008年に佐賀市景観賞を受賞している．(2011，山西博幸撮影)
　Former coastal bank for reclamation and coastal protection

東与賀海岸

38 有明海（熊本沿岸）・天草・八代海
Kumamoto Coast in Ariake Sea, Amakusa Coast and Yatsushiro Coast

In the coast of Kumamoto Prefecture on the southeast side of Ariake Sea, the large outflow from rivers and the huge tidal action/current has resulted in the establishment of an extensive tidal flat composed of soft and thick sediments. This extensive tidal flat forms the habitat of many species and has also contributed to the establishment of a distinctive local environment. The Ariake coastal area is composed mostly of reclaimed farmland whereas the Amakusa coastline is beautiful for sightseeing, with fine sandy beaches and rocky shores. Yatsushiro Sea, surrounding Kyushu and Amakusa Islands, is the most closed inland sea in Japan. The Yatsushiro coastline has a many scenic spots (including the Unzen-Amakusa National Park), dikes and seawall that have been constructed to protect land from the frequent devastating typhoon that cross the area.

● 独特の自然環境を有する有明海熊本県沿岸の海岸

　有明海熊本県沿岸の海岸は，荒尾市大島町地先から玉名横島，熊本市沖，宇土半島を経て天草下島の五和町に至る約307kmの海岸である．菊池川，白川，緑川の一級河川が東側に集中しており，これらの河川から大量の陸水と土砂が供給される．宇土半島よりも北側の荒尾，玉名，熊本沿岸では河川からの供給土砂により河口デルタが形成され，遠浅で比較的平坦な砂泥質の干潟が発達し，有明海の干潟の約1/3を占める．このような海域特性から，熊本沖や有明海奥部では汽水性の海域が広範囲に広がる特異環境となっており，ムツゴロウなど固有の生物相が育まれて，渡り鳥の飛来地としても重要な場となっている．菊池川河口部一帯の玉名横島海岸は，ほとんどが干拓によってつくられた地域で，戦国武将の加藤清正が肥後（現在の熊本）に入国して翌年の天正17年に干拓着手，以来，干拓事業は細川氏に引き継がれ，江戸・明治・大正と続き，昭和42年の潮止工事まで行われ現在に至っている．最近は干拓堤防の前面に突堤群を設け，防災と環境・利用の調和に配慮した海岸づくりが行われている．干拓地には国道・県道が通り，学校・住宅が有り，またイチゴ，トマトなどの施設園芸が盛んである（■1）．白川，緑川が注ぐ熊本市地先の海岸も干拓によってつくられた地域で，熊本都市圏と直結した物流拠点港として熊本港（夢咲島）が昭和48年に計画策定され，我が国の技術の粋を集結して建設されている．熊本–島原間のフェリー就航，韓国（釜山港）とのコンテナ定期航路が開設されるなど，人流・物流拠点として活用されている．熊本港周辺はノリ養殖が盛んで，冬期には多くのノリ網が設置され風物詩の1つともなっている．また港周辺では，「人工干潟」や「なぎさ線の回復」といった環境再生・保全の試みも盛んに実施されている（滝川，2009）（■2）．　　　　　　　　　　　　　　［滝川　清］

　宇土半島から天草に至る沿岸は山地が海岸に迫る急峻な地形で岩礁が大半を占め，場所により砂浜も見受けられ，御興来海岸は，熊本県の宇土半島北岸の緑川河口から南西方向約8kmに位置しており，干満差の激しい有明海に面した干潟模様のとても美しい海岸で「日本の渚百選」にも選定されている（■3）．御興来という名前の由来は4世紀の中頃，景行天皇が九州遠征を行った際，干潟模様の美しさに見とれて，御興（天皇の乗られるかご）を止めて休息したことより，この辺りを「御興来」と呼ぶようになったと伝えられている．

　　　　　　　　　　　　　　　　　　　　　　　　　　　　　　　　　　　　　［矢北孝一］

● 天草諸島の海岸～キリシタンの歴史漂う夕陽の美しい自然海岸

　天草諸島は熊本県南西部と鹿児島県北西部にまたがり，上島と下島を主島として獅子島や御所浦島などの大小様々な島や緑豊かな山々からなる諸島である．周囲を有明海，八代海，東シナ海に囲まれており，昭和41年に天草五橋が開通するまでは，九州本土との交通手段は船だけであっ

■1　河内町から見た玉名横島海岸と有明海および雲仙岳（2007，増田龍哉撮影）
Tamana Yokoshima Coast, Ariake Bay and Mt. Unzen seen from Kawachi

■2　熊本港とノリ網（2008，熊本県土木部港湾課撮影）
Kumamoto Port, showing the large areas of seaweed cultivation next to the port

■3　御輿来海岸（2006，増田龍哉撮影）
Okoshiki Coast

有明海（熊本沿岸）・天草・八代海

111

た．茂串海岸，白鶴浜に代表される美しい自然海岸が数多く残っており，長崎県の島原半島とともに雲仙天草国立公園にも指定されている．また，国指定名勝天然記念物に指定されている妙見浦をはじめ，千巌山から望む海岸や島々は夕陽の美しい海岸で知られており，黒石海岸など6ヶ所が「日本の夕陽百選」にも選ばれている（■4）．キリシタンの島としての歴史があり，崎津，大江，本渡の3つの天主堂が今もなおその歴史と文化を物語っており，崎津天主堂近くの海岸には海上マリア像が建てられている．昭和45年7月に日本で最初の海中公園として指定された富岡海中公園周辺の海岸は，潮の流れでできたと言われている陸繋島などがみられ特異な景観を持っている．砂浜は海ガメの産卵場所となっており，海上では一年中イルカウォッチングが楽しめ，海中ではサンゴ広がる海を熱帯魚が泳ぐ姿が見られる．また，大矢野島周辺など「日本の重要湿地500」に指定されている場所が4ヶ所あり，永浦島の干潟は日本最大のハクセンシオマネキ生息地となっている．

[増田龍哉]

● 不知火海（八代海）の海岸〜幻想的な不知火と日本有数の渡り鳥の越冬地

　九州西部に位置する八代海は別名「不知火海」とも呼ばれ，熊本県と鹿児島県に囲まれた天草灘から北東側に入り込んだ内湾で，背後に広い農地や山林を控えていることが八代海の特徴として挙げられる．海域面積は約1200 km^2，平均水深は22 mと比較的浅い海域で，干潟面積は4085 haと有明海に次ぐ広さとなっている．干潟は主に宇土半島南岸から東海岸側に続く17世紀初めから昭和40年代までにつくられた干拓地前面を経て，九州で3番目の長さを誇る球磨川河口部にかけて分布している．この干潟は渡り鳥の越冬地・経由地で知られており，「日本の重要湿地500」にも選ばれている（■5，6）．旧暦8月1日（八朔）の夜間には，漁火の屈折現象によって起こる「不知火」と呼ばれる不思議な火が海上に現れることで知られており，球磨川河口の水島と共に国指定名勝に指定されている．八代海北部海域の海岸は，平成11年9月に熊本地方気象台牛深測候所で観測史上最大の瞬間風速66.2 m/sを記録した台風18号により，高齢者や子供を含む12人が死亡する高潮災害が起こった場所でも知られている．これを契機に，八代海北部沿岸では海岸堤防の改修が進められており，なぎさや塩性湿地の減少が懸念されている．

[増田龍哉]

　水俣湾は，八代海の南東に位置し，三方の山となだらかな丘陵に水俣川が流下する魚介類の豊富な漁場であった．湾背後の水俣市はチッソ（株）の前身日本窒素肥料株式会社が創立されると企業城下町として大きく変貌を遂げるが，1956年の水俣病の発生を契機に動乱の時代を迎えることとなる．水俣病は，工場などから排出されたメチル水銀化合物が魚などに蓄積し，この汚染された魚などを食べたことで発症する中毒性の神経系疾患である．メチル水銀を含む汚泥を多量に抱える水俣湾は，浚渫・埋立によって汚染土を厳重に封じ込め，1990年には誰もが安心して憩うことのできる広大な港湾緑地公園へと生まれ変わった（■7）．

[森本剣太郎]

■ 4 千厳山から望む海岸や島々（2012，増田龍哉撮影）
Landscape view from Mt. Sengan

■ 5 柴尾山から望む八代海北部海岸（2011，増田龍哉撮影）
Landscape view from Mt. Shibao

■ 6 不知火干潟に飛来したシギ・チドリ類（2011，増田龍哉撮影）
Shorebirds at the tidal flat in Shiranui

■ 7 水俣湾（2003，熊本県土木部港湾課撮影）
Minamata Bay

有明海（熊本沿岸）・天草・八代海

39 大分県豊後水道・高島の海岸
Seashore of Takashima islands, Bungo Channel, Oita Prefecture

Takashima islands are composed of the main island of Takashima and also of Shirataki, Funama and Ashika islands. Sea cliffs encompass almost the entire surroundings of Takashima islands, with wave-cut platforms, sea caves and sea stacks also distributed around the islands. The central part of Takashima island is made of a karst plateau, and thus there are also several submerged limestone caves in the islands. Characteristic topography is stalactite and stalagmite, which developed into sea cliffs at Heisaki.

　大分市の旧佐賀関町高島は，佐賀関半島と愛媛県佐田岬半島を結ぶ線上にあり，豊後水道が豊予海峡から瀬戸内海へと入っていくその海峡部に位置する．地質的には西南日本外帯をなす三波川帯の西端部に位置する．四国の佐田岬半島からの直接的な連続部であるが，九州に入ると，三波川帯とその北側に位置する西南日本内帯の和泉帯相当の大野川層群が逆転し，南側に位置するようになる．四国以東の西南日本の地質構造は，豊予海峡において不連続を示す．

　高島は東西約2.5km，南北約0.8kmの島で，西はヘイサキが長く突き出し，南はカンノンベ，ヒラベなどに向かって突出し，東には白滝島，フナマ島，アシカ島が連続する．高島の最高所は島の東にあり，高度は150mである．島の中央部西よりに120mの小さな峰があり，西部には114mの峰がある．最高点より西へは緩やかに傾き，また中央部西よりの峰以西も西方へ緩く傾き，全体的にケスタ状の地形を示すように見える．ここでは高島の海岸に見られる海食地形である海食崖，ノッチ（海食窪），波食棚，スタック（離れ岩），海食洞，海食洞門について述べ，さらに高島内部の特徴的な地形について述べる．

　高島の周囲は海食崖の発達がよく，全島で海食崖が見られる．高島南岸と東部の白滝島，フナマ島，アシカ島では顕著で，白滝島北岸には比高50mに達する海食崖が見られる．いずれも石灰質片岩の分布地域であり，これは垂直の割れ目系に支配されているものと考えられる．塩基性片岩や泥質片岩が分布する北西部では石灰質片岩地域のような大規模な海食崖は発達していない．ホントコ浜，フタツベ背後では発達がよくない．

　ノッチ（海食窪）は，海食作用が最大になる海食崖基部に発達し，それにより海食崖の後退を促す地形である．基本的にノッチは中等潮位を示し，高島でも海食崖，スタック（海食柱）などの基部に見られる．ヘイサキカタの砂浜海岸にある泥質片岩のスタック基部には典型的なノッチが見られる．

　波食棚は海食によって山地部が削られ，その名残が海底部に見られるもので，干潮時に海面上に現れる部分もある．半島部では干潮時にスタックを取り巻くように広く見られる．ヘイサキ，サンゴクベ，ミズガシル一帯は大規模な低位の波食台が分布する．また高島南端のカンノンベ一帯にも低位の波食棚の発達がよい．高位の波食棚はフナマ島とアシカ島で見られる．フナマ島のものは千畳敷式の畳岩と呼ばれているが，これが高海面期の形成を示すものかどうかは不明である．

　スタックは陸地が海食により本体と切り離された，いわゆる離れ岩で，海食柱ともいわれている．アシカ島，松バエ，山伏岩，白滝鼻，ヘイサキカタがこの典型であり，とくに高島南部海岸

■1 高島の地形
Landforms of Takashima islands

■2 白滝島の海食崖と海食洞（2002, 筆者撮影）
Sea cliff and sea caves of Shirataki island

■3 カンノンベ一帯の波食棚とスタック（2002, 筆者撮影）
Wave-cut shelf and stacks around Kannonbe area

大分県豊後水道・高島の海岸

に発達がよい．

　海食洞と海食洞門は島の周囲に多く分布する．西部のヘイサキ，南部のフネカクシ，白滝島の東岸と西岸などには典型的な海食洞が見られる．なかでも白滝島の海食洞は東岸から西岸のホトケガウドまで連続した洞門をなし，干潮時には通り抜けが可能で，中央部は50～60畳敷きの一大洞窟になっている（大分県，1953）．東の入り口は2本の石灰質片岩の大岩柱があり，3つの入り口をつくっている．西の出口にあたるホトケガウドは海食により下部が細い岩柱をなし，不安定な状態をつくっている．ヘイサキの西端部には3つの海食洞が発達する．そこは泥質片岩主体の変成岩部で，5～6m程度の奥行きを持つ．いずれも大潮の干潮時でないと近づけず，詳しいことは不明である．またフネカクシの海食洞には鍾乳石や石筍の発達が見られるとされている（大分県，1953）．

　高島の地形は海岸地形が主であるが，内陸部では極めて特徴的な地形が見られる．それはこの島の多くが石灰質片岩で形成されているため，カルスト地形が見られることである．特に旧練兵場跡はカルスト台地であり，ここにいくつかのドリーネの発達が見られる．日本軍の水源であったと思われる井戸はこの台地のドリーネのすぐ近くにある．また，マエウラの船着き場から上った峠部に旧砲台跡があるが，そこから南南西方向に1列に並んだ4個のドリーネが分布する．大分県において，地表のカルスト地形が見られるのは，津久見市の碁盤ヶ岳が位置する八戸台と，この高島の2カ所である．

　高島では，堆積地形の発達はよくないが，西岸のマエウラ，ミズガシルからヘイサキにかけて，北岸のヘイサキカタ，ホントコ浜，南岸のイルカウラでは砂礫浜がやや広く分布する．ミズガシルからヘイサキにかけては前面に波食台が発達し，その背後の山地との間に砂を主体とする浜がみられ，高島ではもっとも静かな海岸をなしていると思われる．また，岩塊からなる浜地形は北岸のサドノウラ～カマトコ間，東岸のコマノウラ，南岸のイルカウラ東部に見られる．

　また，石灰岩に関係する地形，例えば石灰岩崖（limestone bluff）もマエウラ背後の山地に見られ，海食崖と同様な崖地形が山地中に見られる．さらに極めて特異的な地形として，ヘイサキの海食崖に鍾乳石が分布することである．ここは石灰質片岩と泥質片岩の互層部であるが，この中の石灰質片岩部が溶食され，それが崖を覆うように鍾乳石を発達させたものである．鍾乳石，石筍，石柱，フローストーンなどの鍾乳洞を特徴づける地形が海食崖に張り付いて見られる．

[千田　昇]

■ 4 ホトケガウドの海食崖と海食洞（2002，筆者撮影）
Sea cliff and sea caves at Hotokegaudo

■ 5 高島中央部のカルスト台地（2002，筆者撮影）
Karst plateau at central part of Takashima island

■ 6 ヘイサキの海食崖に分布する鍾乳石（2002，筆者撮影）
Stalactite at sea cliff of Heisaki

大分県豊後水道・高島の海岸

40 宮崎の海岸 — 波状岩がつくりだす海岸風景
Miyazaki Coast – A very unique coastal scenery with Onino Sentakuita

The Seashores facing Hyuga Nada on Miyazaki Prefecture show various types of coastal scenery along their 160 km extension. Among these sceneries, we can find a very unique coastal topography made up of shore reefs with a wavy upper surface, Onino Sentakuita (Devil's washboard), on the coast from Aoshima to Nichinan. The shore reef has a stratification that consists of mudstone and sandstone layers, with a bedding plane inclined at around 20 degrees. Due to wave actions on the shore reef, the mudstone layer suffers from stronger erosion in comparison with the sandstone layer, and thus the topography of the upper surface of the shore reef becomes saw-toothed in shape.

　日向灘に面した宮崎の海岸は，延長 160 km の直線的な海岸であるが，その風景は変化に富んでいる．大分県境から延岡市を流れる五ヶ瀬川河口までの海岸は，九州山地が海岸まで迫っていることもあり，複雑に入り組んだリアス式の海岸形状を呈している．五ヶ瀬川河口から日向市を流れる耳川河口までは，岩礁海岸とポケットビーチが断続的に続く．さらに，耳川河口から宮崎市の青島までは平坦な沖積平野が広がり，いくつかの河川をまたぎながら直線的な砂浜海岸が続くが，青島以南になると海岸風景は一変し，宮崎の海岸風景を特徴づける波状岩（「鬼の洗濯板」とも呼ばれる）を見ることができる．

　波状岩は，砂岩と泥岩の規則正しい互層からなり，地殻変動によっておおよそ 20°傾いた状態で波による侵食作用を受け，砂岩に比べて侵食に弱い泥岩が大きく削られることで鋸の歯のような形になる．このような波状岩は，青島から日南市油津までの海岸線で見ることができ，このエリアの海岸は，鰐塚山系の山々が海岸まで迫った沈水海岸の特徴を残している．波状岩の表面を観察してみよう．差別的に侵食された層理面はパズルを組み合わせたような模様を成し，大小様々な穿孔貝の孔がつくりだす幾何学的な文様は見るものを飽きさせない．

　波による侵食作用でつくられた波状岩の分布は青島周辺を北限としている．波状岩が島を取り囲む青島の地形は隆起波食棚と呼ばれ，地盤の隆起・沈降といった上下運動と波による侵食作用と堆積作用によって形成されたものと考えられている．青島は，周囲約 1.5 km，標高約 6 m，東西方向に長い楕円形をしている．細い貝殻片を主とした砂礫層が堆積して島を形成し，島はビロウ樹の自然林を中心とする熱帯および亜熱帯植物の自生地として知られている．さらに，青島を取り囲む波状岩と島の北側に弓状に広がる砂浜海岸，そして海岸背後の豊かな松林が青島海岸特有の風景を醸成している．

　自然がつくりだす独特の海岸環境は，「青島の隆起海床と奇形波蝕痕」として 1934 年に国の天然記念物に，また，「青島亜熱帯性植物群落」として 1952 年に特別天然記念物に指定され，昭和 40 年代には，年間 100 万人を超える観光客が青島を訪れた．最近では，青島から宮崎市にかけての砂浜海岸は，良好なサーフスポットとして知られるようになり，1 年を通じて多くのサーファーが訪れる．

　青島の中央に建立する青島神社には，彦火火出見命，豊玉姫命，塩筒大神が祭られている．『古事記』に記された海幸彦と山幸彦の神話の舞台である．彦火火出見命が海神宮から帰還したときに村人が衣類をまとう間もなく裸で迎えたことに因んだ「裸参り」が今でも引き継がれている．

[村上啓介]

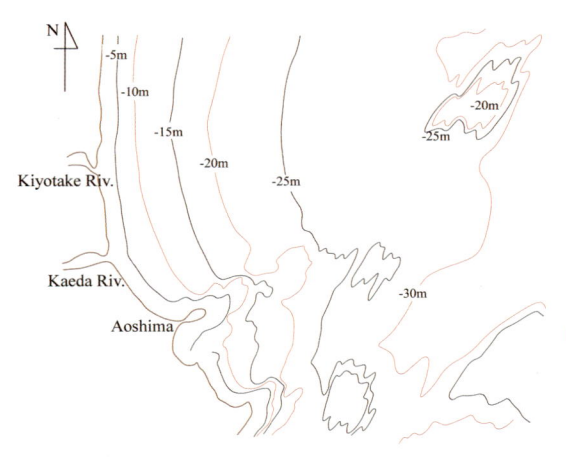

■1 青島海岸周辺の海底地形：北から続いた単調な沿岸地形は，青島海岸付近から複雑さを増す．

The sea bottom topography shows complex contour lines around Aoshima Island, though the submarine topography seems monotonous on the northern coast of the island.

■2 青島を取り巻く波状岩：青島の北側には弓状の砂浜海岸（青島海水浴場）が続く．

This photo shows the shore reef topography with wavy upper surface, Onino Sentakuita (Devil's washboard), around Aoshia Island. A bathing resort with gently sloped sandy beach spreads to the north of the island.

■3 波状岩：波による侵食作用を受け，砂岩に比べて侵食に弱い泥岩が大きく削られることで鋸の歯のような形になる

The mudstone layer is eroded by waves more quickly than the stronger sandstone. This distinctive erosion creates a distinctive saw-toothed topography on the upper surface of the shore reef.

■4 波状岩の層理面：様々な文様の層理面は見るものを飽きさせない

A bedding plane with various patterns.

41 指宿海岸
Ibusuki Coast

Ibusuki city is located at the southern end of Satsuma Peninsula and along the entrance of Kagoshima Bay. There is a long-tied tombolo with a length of 800 m in the north-eastern part of Ibusuki Coast. The Chiringa-shima tombolo emerges above the sea level only during ebb-tide in spring tide conditions from March to October. This article introduces the unique behavior of the tombolo and explains the physical mechanism of its forming and disappearing processes based on long-term field observations.

　指宿市は薩摩半島最南端で鹿児島湾湾口に位置し，温暖な気候と豊かな温泉，開聞岳や池田湖などの観光資源に恵まれた温泉観光都市である．海岸部には大規模な温泉宿泊施設が集中する摺ヶ浜海岸（湯の浜海岸）がある．この海岸一帯は地下 1 m ほどに 70 ℃の高温の地下水があり，海岸の砂を掘って砂層内の温泉水で身体を温める天然砂蒸し浴場が独特の観光源になっている．南に向かうと，天然砂蒸し浴場のある旧山川町の伏目海岸，薩摩半島最南端で竜宮伝説が残る長崎鼻，さらに長崎鼻を回って西部に向かえば，薩摩富士の別名を持つ美しいコニーデの開聞岳，約 5 km 内陸側に入ると西日本第 2 の淡水湖でカルデラ湖である池田湖などの景勝地がある．池田湖は約 5500 年前の阿多南部カルデラ付近の大噴火で形成されており，付近の鰻池，山川湾などもこの時の爆裂火口（マール）に湛水または海水が侵入した火山性地形である．ここでは指宿海岸の北東に位置し，日本でも有数の長さを誇り優美な景観を形成する知林ヶ島陸繋砂州について紹介する．

　薩摩半島側にはトロイデ状の火山地形である魚見岳（高さ 215 m）が鹿児島湾（錦江湾）に突き出し，沖合の周囲約 3 km，面積約 60 ha，最高点標高約 90 m の知林ヶ島との間に陸繋砂州が形成されている（■2）．なお，知林ヶ島は魚見岳とともに阿多カルデラの縁端に位置し，南東部の急崖がカルデラ壁に相当する外輪山の一部と考えられている．両者をつなぐ砂州は，3 月～10 月の大潮～中潮の干潮期のみに出現し，冬季には消滅する特異なものである．砂州の全長は約 800 m，幅は最大 20 m 程度であり，出現時には歩いて知林ヶ島まで渡ることができる（■3）．知林ヶ島はかつて私有地であったが 1999（平成 11）年に指宿市が買収し，2009（平成 21）年には環境省により島内の遊歩道や展望台などが整備された．霧島錦江湾国立公園（2011 年度に霧島屋久国立公園が霧島錦江湾国立公園と屋久島国立公園に分離した）に属し，素晴らしい自然景観を誇るこの砂州には，地元住民や近郊の市民，遠方からの観光客が集まり，砂州の上を散策し，美しい海や潮のかおりを満喫している．

　知林ヶ島陸繋砂州の季節的な出現・消滅特性を解明するため，鹿児島大学海洋土木工学科の研究グループは，撮影観測塔を魚見岳の頂上付近に設置し砂州地形の長期観測を行った．観測塔（■4）は鋼管・支持ワイヤーで構成され，上部にはデジタルカメラ用ハウジング部と太陽電池パネルが設置され，バッテリーを介してデジタルカメラを駆動させる．観測期間は 2008 年 10 月～2009 年 12 月で，30 分ごとの連続写真撮影を行った．観測塔からは陸繋砂州を斜めから俯瞰することになるが，得られたデジタル画像を 2 次元射影変換により直上から撮影した状態であるオルソフォトに変換した．砂州の平均出現潮位である潮位 100 cm での砂州の経時変化を示したも

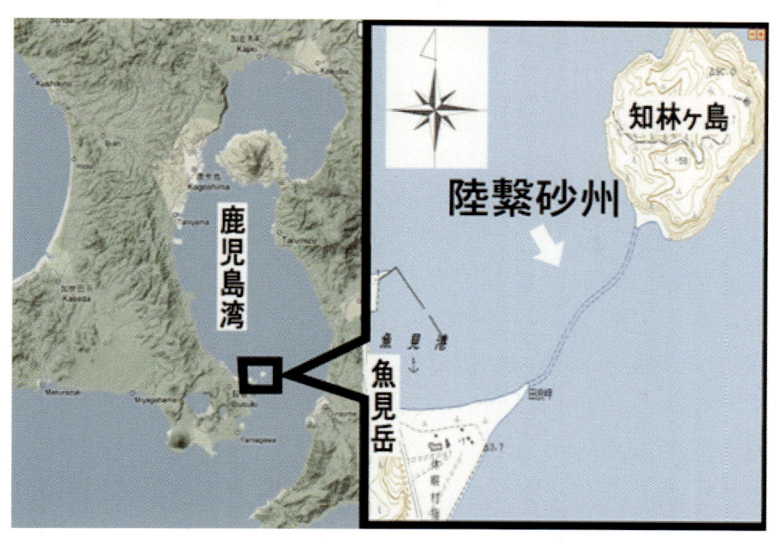

■ 1　知林ヶ島の位置図
　Location map of Chiringa-shima island

■ 2　魚見岳から見た知林ヶ島陸繋砂州
　Chiringa-shima tombolo viewed from Uomi-dake mountain

■ 3　砂州上を歩いて渡島する観光客
　Sightseers crossing over the tombolo

指宿海岸

のが■5である．2008年10月に水面上に現れていた砂州は徐々に南下し，12月には海面下に消滅する．1月には海面下にある砂州位置は12月よりさらに南に移動している．消滅後から数ヶ月が経過した2月～3月の砂州の経時変化を潮位150 cmでの画像から検討すると（■6），本土側砂州の先端は基部の岩場の位置でほとんど変化しないが，島側の砂州の先端は時間の経過とともに本土側の砂州先端に向けて伸張していき，ついには本土側砂州の先端とつながる過程が示されている．さらに，安定期である5月から9月では，砂州は干潮時には全範囲にわたって水面上に出現する．長期画像記録を調べると砂州地形は安定期前半では徐々に北上していき，安定期後半の9月から消滅期にはいる12月にかけて砂州全体が南下することを繰り返すことがわかった．砂州の横断面形状については，風波が南から作用する出現期～安定期前半では，砂州の南側が緩勾配，北側が急勾配となり，北からの風波が卓越する期間ではその逆となることがわかった．

　知林ヶ島の陸繋砂州の形成・消滅はどのようなメカニズムによって支配されているのであろうか．通常，陸繋砂州は砂浜海岸の沖合に島などがある時，来襲波が遮蔽されることにより島背後の静穏域に砂が堆積し，海岸と島を結ぶ砂嘴が成長し陸続きになること，あるいは陸地側の沿岸漂砂が島まで連なることで説明される場合が多い．前者の例では神奈川県江の島，和歌山県潮　岬，熊本県富岡半島が，後者の例では福岡県海の中道-志賀島間の砂州や，第1海堡と陸続きに近い状態の千葉県富津岬の尖角州が相当する．しかし，当地では波の入射方向は島の沖合側からではない．また魚見岳の南西側の海岸は岩礁が多く，波の作用で北東方向に沿岸漂砂が供給されて砂州を養っている様子は認められない．アメダス気象データならびに実測によって現地の風向・風速を調べたところ，砂州が水面上に現れない11月～2月期では，北～北北西からの風向がほぼ100%を占めるが，風速10 m/s以上の風は発生せず総じて風速は小さい．砂州が形成される3月～10月では，南南東からの風向が最も多く，風速5.5 m/s以上の風に限れば25%以上の出現頻度となる．鹿児島湾は火山噴火によるカルデラ地形に海水が侵入してできたもので，最深部は200 mを超える特異な海底地形を持つ．知林ヶ島の東部側では急深となり1 kmほど湾央寄りでは水深が50 mを超えるが，知林ヶ島と薩摩半島の間の水深はたかだか5 mと浅い．砂州の周辺には大量の砂が堆積しており，上述の季節による風向・風速の変化に対応した風波の変化によって，砂移動の季節変化が生じる．この地は湾口部よりやや内側にあり，まれに台風の来襲の影響は受けるものの，大半は鹿児島湾内の穏やかな波浪条件下にあるために，このデリケートな地形が維持され，風浪の変化とともに緩やかな季節変動を呈するものと考える．すなわち，静穏な波の条件，浅い海域に大量の砂が存在すること，波や流れの作用によって砂が寄せられ干潮時に海面上に姿を現すことが，地形形成のポイントと考える．なお，鹿児島湾湾口部では，外洋水の流入・流出特性が夏季（成層期）と冬季（混合期）で異なることが現地観測結果により報告されているが，こうした流れによる砂州地形の季節変化への影響については現時点では不明である．

[浅野敏之]

■ 4 陸繋砂州の観測塔
Observatory tower of the Chiringa-shima tombolo

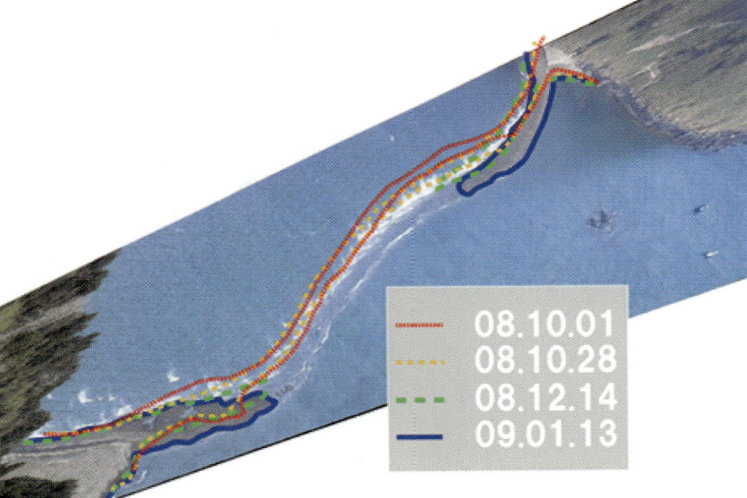

太陽電池パネル
カメラハウジング
知林ヶ島

■ 5 砂州の消滅過程
Disappearing process of the tombolo

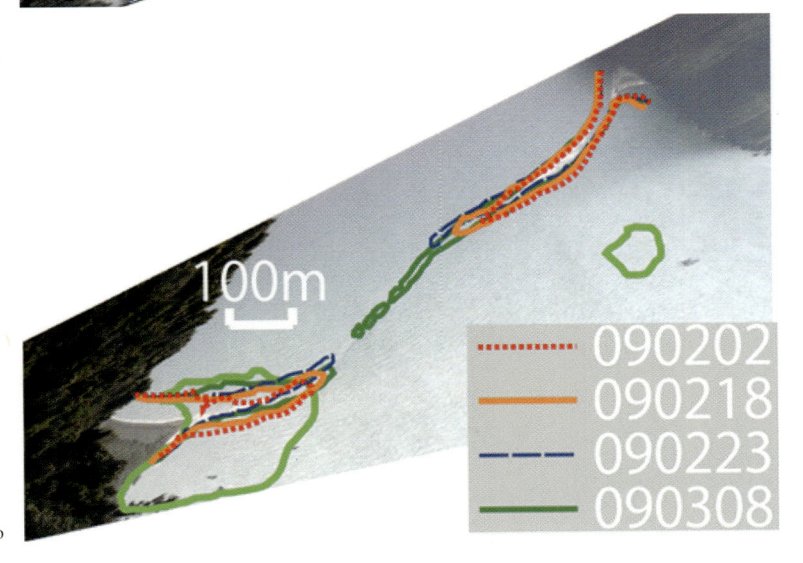

08.10.01
08.10.28
08.12.14
09.01.13

100m

■ 6 砂州の形成過程
Forming process of the tombolo

090202
090218
090223
090308

指宿海岸

123

42 薩南諸島の海岸 −屋久島と種子島
Yakushima and Tanegashima

Yakushima is an island with an area of about 500 km² to the south of Kyushu. Within the island, an area of about 107 km² was inscribed as a UNESCO World Natural Heritage site in 1993. The mountains are covered with forests of Cryptomeria trees including 'Yaku cedars' over 1000 years old. Three egg-laying beaches for sea turtles were inscribed as registered wetlands under the Ramsar Convention in 2005. Tanegashima is an island with an area of about 450 km² near Yakushima. On the west coast of Tanegashima there is a sandy beach around 12 km long, while on the east coast of the island, there are strange rocks and caves including Chikura-no-iwaya, into which crowds of people can enter together at low tide and feel the fantastic atmosphere. Several spaceports are located in the south part of Tanegashima.

●屋久島の海岸

　面積約 500 km²，海岸線長約 132 km の，正五角形のような輪郭をした屋久島は，ヤクスギやメヒルギといった特徴的な植物の自生地としても知られる．西岸の断崖を見下ろす西部林道を訪ねると，ヤクザルやヤクシカが出迎えてくれる．屋久島は，1993（平成 5）年 12 月に，白神山地とともに日本で初めて「世界自然遺産」に登録された．登録面積は，島の総面積の 2 割強を占める約 107 km² である．

　屋久島のいわゆる土台は，熊毛層群と呼ばれる砂岩や泥岩といった堆積岩の地層であり，隣の種子島は，主としてこの地層より構成されている．今からおよそ 4000 万年前におけるこの地層の形成後，屋久島では，今から約 1550 万年前に地下深くでマグマが活発化し，花崗岩が隆起して，前述した西岸の急峻な断崖や，国割岳の西斜面，そして，立神の奇岩などが現れた．花崗岩は，1000 年に 1 m の速度で隆起を続け，かくして屋久島は，洋上に高く威容を誇る山岳島となるに至った．中央部に聳える宮之浦岳は，標高 1936 m の九州最高峰である．これに対して種子島の最高点は，種子島気象レーダーが設置された標高わずか 282 m である．

　屋久島にかかわる生物で忘れてならないのがウミガメである．ウミガメは，5〜8 月に，砂浜に上陸して産卵する．屋久島の主な産卵地は，北岸の一湊海水浴場，島の北西に位置する屋久島永田浜，そして，南西の栗生浜と中間浜である．このうち，屋久島永田浜は，アカウミガメが北太平洋において最も高密度で産卵する場所であり，2005（平成 17）年 11 月に，「ラムサール条約湿地」に登録された．北から四ツ瀬浜，いなか浜，そして，永田川河口南側の前浜の 3 浜を併せて屋久島永田浜と呼ぶ．海岸線長は，それぞれ，約 200 m，900 m，950 m であり，砂は，花崗岩が風化したもので，比較的粗い粒径を持つ．なお，アカウミガメほど多くないが，アオウミガメも屋久島で産卵する．海岸線の大部分が崖や磯の屋久島であるが，日本有数のウミガメの産卵地なのである．ただし，ウミガメは，堤防が築かれていたり，砂浜にゴミが散在していたりすると，上陸しても適地と認めなければ，産卵せずに海に帰って行く．ウミガメは，条例や NPO，そして，何より島民やボランティアの人々の手で大切に保護されている．

　また，島の北端において，矢筈崎が北向きに突き出しているが，その西隣に一湊海水浴場がある．これは，2 つの岬に挟まれた天然のポケット・ビーチであり，この砂浜にもウミガメが産卵に来る．あなたが屋久島を訪れた際，「この島には，ラクダもいるのですよ．」と案内されるかも知れない．鵜呑みにすることなかれ．これは，フタコブラクダの背のような，2 つの峰を持つ矢筈岳のことである．

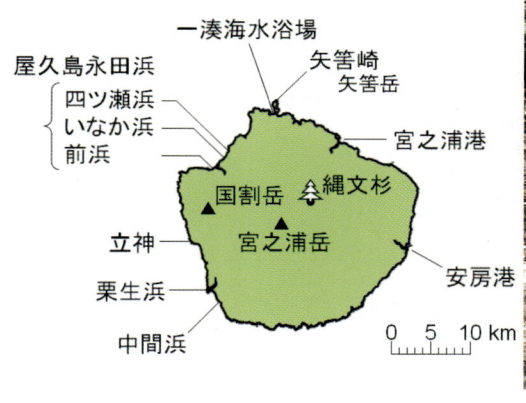

■ 1 屋久島
Yakushima

■ 2 西部林道で毛繕いをするヤクザル（2012.1，筆者撮影）
Yakushima Macaques

■ 3 ウミガメの産卵地である永田いなか浜（2012.1，筆者撮影）
Nagata-Inaka-hama, an egg-laying site for sea turtles

■ 4 太平洋上より望む矢筈岳（左）とその西隣の一湊海水浴場（右）（2012.1，筆者撮影）
Yahazu-dake (left-hand side), which has a shape which looks like the back of a Bactrian camel, and Issou Bathing Beach

●種子島の海岸

　面積約 450 km^2，海岸線長約 186 km の種子島は，黒潮の流路に位置している．南北長約 56 km に対して東西最大幅約 12 km と，南北に細長い島である．種子島の名を知らぬ人は，日本史の授業中，睡眠を決め込んだに違いない．1543（天文 12）年 8 月，ポルトガル商人の乗る船が台風の直撃を受け，島最南端の門倉岬に漂着した．世に言う鉄砲伝来である．また，1885（明治 18）年 9 月には，台風のため種子島東方沖で難破したアメリカ商船カシミヤ号（Cashmere）の乗組員が伊関海岸と立山海岸に漂着し，さらに，1894（明治 27）年 4 月，暴風に遭遇したイギリス貿易船ドラメルタン号（Drumeltan）が前之浜海岸に漂着した．いずれの漂着者も，種子島の人々により手厚くもてなされている．太平洋を望む種子島の海岸は，我々の想いを遠く海の向こう側へといざなってきた．そして，その景観は，今やロケットの射場を有し，宇宙とつながっているのである．

　種子島の行政区は，北から南に，西之表市，熊毛郡中種子町，そして，熊毛郡南種子町である．なお，熊毛郡は，これらの 2 町と，屋久島および口永良部島の全域を行政区域とする屋久島町とからなる．

　西之表市北部の入江には，2001（平成 13）年 3 月に環境省が選定した「日本の水浴場 88 選」の一つである浦田海水浴場がある．白砂が広がる海水浴場には，キャンプ場が隣接している．また，西之表市東岸の鉄浜海岸は，太平洋に面し，サーフスポットとして全国的に知られている．この一帯で砂鉄が採取されることが，鉄浜海岸の地名の由来である．

　中種子町西岸の海岸線長約 12 km にわたる長浜海岸は，砂浜が連続する穏やかな景観を見せ，屋久島同様ウミガメが産卵にやって来る．他方，東岸には，断崖や奇岩，洞窟が多く，犬城海岸にある馬立の岩屋は，太平洋の荒波の侵食作用によって掘られた洞穴である．また，熊野海水浴場からは，海上を悠々と進み行く龍を想起させるような，遠くに並ぶ島と奇岩を望むことができる．東シナ海を向く西岸と，太平洋に対峙する東岸は，主として波の条件の違いに伴い，大きく異なる景色を纏っている．

　南種子町東部では，西部で発達している海岸段丘がほとんど見られず，斜面が沿岸の低地や海に達する場所が多い．東岸の浜田海水浴場周辺を散策すると，波により刻まれた様々な奇岩を観察することになるであろう．中でも千座の岩屋は，激しい波が長い年月をかけてつくり出した海食洞窟であり，干潮時には，幻想的な洞窟内へと入ることができる．内部の空間は，大勢が一堂に座し得るほど広く，それゆえこの名を持つようになった．洞窟は，いくつかの部屋に分かれ，細い自然のトンネルで結ばれている．

[柿沼太郎]

■5　種子島
Tanegashima

■6　熊野海水浴場からの島や奇岩の眺め（2012.1，筆者撮影）
Row of dragon-shaped islands, off Kumano Bathing Beach

■7　千座の岩屋の外観（2012.1，筆者撮影）
Exterior of Chikura-no-iwaya

■8　千座の岩屋（2012.1，筆者撮影）
Chikura-no-iwaya

薩南諸島の海岸

43 硫黄鳥島の海岸 — CO_2 増加が進んだ将来の海を再現
Iwotorishima Island

Iwotorishima Island is a volcanic and uninhabited island in the Ryukyus, Japan. Coral reefs (including a hard coral community) fringe the island except along the southeast coast where the seawater is acidified with volcanic water and gas with high CO_2, similar to what ocean water could be like in a future of increased CO_2 concentrations in the atmosphere due to anthropogenic interference with the planet. In this area live a dense population of encrusting soft corals, instead of hard corals, and thus the ecology of the area could represent what would happen once sea conditions change dramatically. Iwotorisima Island is thus a very interesting and precious place that can simulate future ocean conditions.

　硫黄鳥島は面積 2.55 km^2 の活火山の無人島で，トカラ火山列島の最南端に位置する．島の北西には噴火口があり，北東から南西の海岸には幅 200 m ほどのサンゴ礁が形成され，美しい造礁サンゴの群集が見られる．

　しかし，島の南東のサンゴ礁の礁池内の海域ではまったく違った光景が広がる．この海域では，造礁サンゴに代わり，ソフトコーラル（軟質サンゴ）が密生して群集をなす．ソフトコーラルは，造礁サンゴと同じ刺胞動物門花虫綱に属するが，造礁サンゴのような炭酸カルシウム $CaCO_3$ の骨格を持たない．代わりに，身体の中にある無数の極微小な $CaCO_3$ の欠片で身体を支える．このソフトコーラルが密生する海域の海岸には CO_2 を大量に含んだ酸性の温泉が湧き出ていて，礁池内の海底には CO_2 ガスが吹き出す噴出口がある．沖にはサンゴ礁の礁嶺が発達し，低潮時にはこの礁嶺が干出する．このとき，外洋から礁池内への海水の流入がなくなり，温泉とガスの影響で CO_2 を多く含んだ，酸性化した海水が礁池内に保たれる．この酸性化した海域は，CO_2 増加による全地球的な環境問題である，海洋酸性化に重要な知見を与える．人間の産業活動により増加し続けている CO_2 は，海洋中にも吸収される．炭酸水が弱酸性であることからわかるように，海水に含まれる CO_2 が増えると海洋が酸性に傾く．これが海洋酸性化である．つまり，硫黄鳥島の CO_2 が多く含まれる酸性化した海域では，海洋酸性化が進んだ将来の海が再現されていると考えることができる．

　酸性化した海で，造礁サンゴに代わってソフトコーラルが優先して棲息することは興味深い事象である．海洋酸性化が進むと，貝の殻，ウニの刺，そして造礁サンゴの骨格といった，石灰化生物が持つ $CaCO_3$ が溶けやすくなり，それらが海洋酸性化により悪影響を受けることが指摘されている．ソフトコーラルが持つ $CaCO_3$ の量は，造礁サンゴに比べると非常に小さく，また，サンゴの骨格よりも溶けにくい結晶構造を持つ．そのため，ソフトコーラルは造礁サンゴよりも海洋酸性化の悪影響を受けにくいと考えられる．硫黄鳥島の酸性化した海域でソフトコーラルが優先して棲息することは，この耐性の違いが群集単位でも，長期間で反映されることを証明している．将来の CO_2 が増加した海では，この海域のように，造礁サンゴに代わってソフトコーラルが優先種として密生することが予測できる．将来のサンゴ礁の海を知るにあたり，硫黄鳥島の海岸は重要な知見を与えるといえよう．

［井上志保里］

■1 島を取り囲むサンゴ礁には造礁サンゴが群集をなす
（2009.8 撮影）
Hard corals community on fringing reef

■2 硫黄鳥島の位置と海岸線
Map and coast line of Iwotorishima Island

噴火口
500 m
硫黄鳥島
奄美大島
徳之島
沖永良部島
与論島
沖縄本島
県境

■3 南東の海岸沿いに酸性の温泉が湧き出る
Acidified hot springs gush out along the southeastern shore.

■4 温泉により酸性化した海域で見られるソフトコーラルの密生群集：機器を設置し環境データを測定している．
（2011.10 撮影）
Community of densely living soft corals in acidified seawater. Devices were set to record relevant environmental data.

硫黄鳥島の海岸

44 サンゴ礁の海岸（沖縄県）
Coast of Okinawa

The coast of Okinawa Prefecture is fringed with coral reefs formed by hermatypic corals and other calcifying organisms. Coral reef landforms have been accumulating to catch up with postglacial sea level rise and consist of a reef flat and a reef slope. They act as a natural breakwater and provide resources such as fisheries and tourism to the local people. However, coral reefs are now under threat of global as well as local human impacts. To preserve and rehabilitate coral reefs, a novel eco-technology of coral transplantation and mass culture of juveniles has been introduced.

　沖縄県の白い浜に立つと，はるか彼方に砕ける白波のラインが続き，その内側にエメラルドブルーの海が，沖側に濃紺の海が広がっている（■1）．白い浜の砂を手に取ってみると，サンゴや貝，石灰藻，有孔虫など，生物の石灰質のかけらであることがわかる．エメラルドブルーの海は水深1〜3m程度のサンゴ礁がつくった浅瀬で，白波の外側の濃紺の海は深い外洋である．

　沖縄県は，49の有人島と100以上の無人島からなる島嶼県である．日本の南西端の亜熱帯に位置するため，海岸には暖かい海の生き物である造礁サンゴ（以下，サンゴと呼ぶ）が多く生息している（■2）．世界で最もサンゴの多様性が高いフィリピン-インドネシア海域から黒潮が流入してくるため，サンゴの種数も370種と高く，海岸のほとんどがサンゴ礁に縁取られている．沖縄県の海岸は，サンゴなどの生物が，その場で積み重なって海岸をつくっているのである．

　サンゴ礁は，サンゴなどの石灰質骨格とその破片が積み重なって，海面近くまで達してつくる地形のことである（■1, 3）．平坦な浅瀬を礁原と呼び，その海側の斜面を礁斜面と呼ぶ．礁原は幅が数百mから1kmほどで，外洋側の縁が低潮位時に干出する高まりになっていることがあり，高まりを礁嶺，その内側の凹地を礁池（または浅礁湖）と呼ぶ．礁嶺は，太い指状の枝を持つミドリイシというサンゴが積み重なってつくった頑丈な防波構造で，氷期が終わった後の海面上昇にこの礁嶺が追いついて，サンゴ礁地形をつくった．

　サンゴ礁の礁嶺は，外洋の波浪に対して天然の防波堤として機能している．台風通過の際に沖で10m近い波高の波があっても，サンゴ礁で守られた海岸に1m以上の波が届くことはまれである．さらに，サンゴ礁は海の生態系でもっとも多様性の高い生態系であるが，これはサンゴ礁地形が生物たちの住み場所をつくってくれているためである．多様な生物種は，観光資源や水産資源として，地域の経済をうるおしている．このようにサンゴ礁は，そこに住む人々に，防波堤，水産，観光などの経済的価値をもたらしている．

　しかしながらこのサンゴ礁は，陸からの様々な人為ストレスによって，破壊の危機にある．サンゴ礁の浅瀬は，埋め立てられたり，航路をつくるために浚渫されてしまう．こうした直接の破壊だけでなく，陸からの土砂や栄養塩の流入によってサンゴは死滅してしまう．沖縄県では，亜熱帯地域に特徴的な赤土が農地開発によって露出し，スコールによってサンゴ礁に流入する赤土流出が，サンゴ礁を破壊している．

　こうした陸からのストレスに加えて，地球温暖化のグローバルなストレスもサンゴにとっては脅威になる．地球温暖化によって海水温が上昇すると，サンゴの体内の共生藻が抜け出して，白い石灰質骨格が透けて見えてしまう白化が起こる．1997年から1998年にかけて世界規模で白化

■1 石垣島白保サンゴ礁
Fringing reef at Shiraho, Ishigaki Island

■2 慶良間諸島阿嘉島のサンゴ群集
Coral community at Akajima Island, Kerama Islands

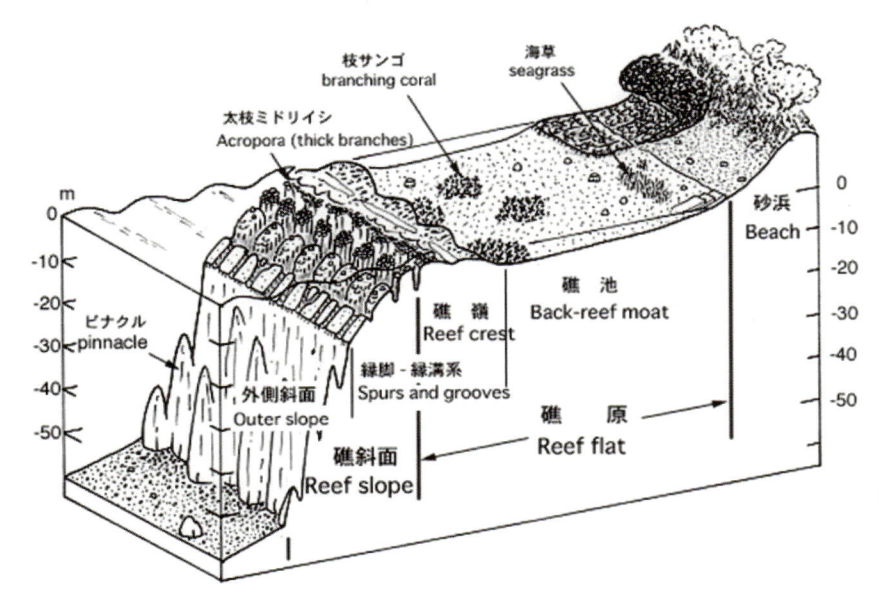

■3 サンゴ礁地形の模式図
Schematic diagram of coral reef landform

枝サンゴ branching coral
海草 seagrass
太枝ミドリイシ Acropora (thick branches)
ピナクル pinnacle
外側斜面 Outer slope
礁嶺 Reef crest
礁脚・礁溝系 Spurs and grooves
礁池 Back-reef moat
砂浜 Beach
礁原 Reef flat
礁斜面 Reef slope

サンゴ礁の海岸（沖縄県）

が起こり，沖縄県のサンゴも全域で白化した（■4）．その後も，沖縄県内の一部のサンゴ礁で中規模な白化が，数年に1回の割合で発生している．サンゴ群集が回復するためには，成長の早い枝サンゴで2〜3年，新しいサンゴ幼生の定着で5年以上かかるので，ローカルなストレスに数年に1回の白化が重なって，サンゴ礁は劣化している．

さらに，二酸化炭素濃度の増加による海の酸性化によって石灰化が抑制され，海面上昇によってサンゴ礁が水没してしまうことが危惧されている．生物がつくるサンゴ礁は，ローカル・グローバルなストレスに対してもっとも敏感な生態系であり地形であると言えよう．

サンゴ群集やサンゴ礁地形の修復，再生は可能だろうか．その糸口を，那覇港沖の防波堤に見ることができる（■5）．沖縄県那覇港沖では，もともとあったサンゴ礁をつないで総延長10 km近い防波堤がつくられた．この防波堤の沖に置かれた消波ブロックにサンゴの幼生が定着して育ち，現在たくさんのサンゴがおおっている（■6）．消波ブロックを覆うサンゴは，礁嶺をつくるサンゴと同じ種類のミドリイシで，消波ブロックを基盤としてサンゴの幼生が自然に定着，成長して，サンゴ群集となった．那覇市は人口32万人と，サンゴ礁が分布する地域では最大規模の都市である．その沖合にこれだけの規模のサンゴ群集が人工基盤上に定着していることは，ローカルなストレスが大きくとも，適切な条件下ではサンゴ礁の再生が可能であることを示している．

現在，国や県，NPOや企業などによって，サンゴ移植の取り組みが進められている．しかしながら，移植は親サンゴの断片を植えるもので，適切にサンゴを養殖しなければ，親サンゴ群集を損傷してしまう．これに対して，卵からサンゴをかえすサンゴの種苗・増殖技術の確立に期待が寄せられている．沖縄県の阿嘉島臨海研究所は，世界ではじめてサンゴの大量種苗に成功した．この成果をもとにして，水産庁は沖ノ鳥島で親サンゴ群体を採取してきて，阿嘉島の水槽でこのサンゴから卵を採取・受精させて，大量のサンゴ種苗の育成に成功した．さらに，こうして種苗した63,000もの稚サンゴを，沖ノ鳥島に再び移植した．こうした移植や種苗技術は，サンゴ群集の修復・再生を目的としているが，さらに進んで海岸地形としてのサンゴ礁の修復，再生を，サンゴの造礁力を支援して行う，新しい生態工学技術の開発が期待される．

後氷期の海面上昇に追いついた礁嶺の上方成長速度は，100年で20〜40 cmであった．今世紀の海面上昇は20〜60 cmと予想されているから，礁嶺のミドリイシが健全であれば，海面上昇に追いついてサンゴ礁をつくっていくポテンシャルを持っている．ローカル・グローバルなストレスによって群集が劣化してしまったサンゴ礁では，礁嶺をつくるサンゴ群集の修復・再生によって，サンゴ礁地形の形成を進めなければならない．

［茅根　創］

■ 4 白化した石垣島白保のサンゴ群集
Bleached corals at Shiraho Reef

■ 5 那覇港沖のサンゴ礁（沖縄総合事務局）
Coral reefs at Naha Port

■ 6 那覇港沖防波堤の消波ブロックに定着したサンゴ（■5矢印部分）（沖縄総合事務局）
Corals flourished on wave-dissipating blocks

サンゴ礁の海岸（沖縄県）

付録

日本の白砂青松百選
日本の渚百選
快水浴場百選
海岸部のある国立公園
日本三景

日本の白砂青松百選

北海道
- 砂坂海岸
- 襟裳岬

東北
- 野牛浜
- 屏風山保安林
- 淋代海岸
- 種差海岸
- 能代海岸砂防林（風の松原）
- 浄土ヶ浜
- 根浜海岸
- 西目海岸
- 碁石海岸
- 庄内海岸砂防林
- 高田松原
- お幕場
- 御伊勢浜
- 護国神社周辺の海岸
- 小泉海岸
- 神割崎
- 松島
- 松川浦

九州
- 海の中道
- さつき松原
- 幣の松原
- 三里松原
- 筒城浜
- 奈多海岸
- 虹ノ松原
- 生の松原
- 有明海岸松並木
- 天草松島
- 波当津海岸
- 千々石海岸
- 伊勢ヶ浜・小倉ヶ浜
- 野田浜
- 住吉海岸
- 白鶴ヶ浜
- 吹上浜
- くにの松原

中部・北陸
- 天神浜
- 増穂浦海岸
- 松田江の長浜
- 千里浜・安部屋海岸
- 古志の松原
- 安宅海岸
- 加賀海岸
- 気比の松原
- 美浜の根上りの松群
- 湖西の松林
- 恋路ヶ浜
- 千本松原
- 三保の松原
- 遠州大砂丘
- 弓ヶ浜
- 式根松島
- 松山海岸
- 伊良湖開拓海岸防災林

関東
- 新舞子浜
- 五浦海岸
- 鵜の岬海岸
- 村松海岸
- 大洗海岸
- 九十九里浜
- 磯の松原
- 東条海岸
- 富津岬
- 平砂浦海岸
- 湘南海岸
- 真鶴半島

近畿・中国
- 春日の松群
- 浜坂県民サンビーチ
- 屋那の松原
- 浦富海岸
- 弓ヶ浜
- 掛津海岸
- 島根半島海中公園
- 浜詰海岸
- 天橋立
- 雄松崎
- 浜田海岸
- 県立高砂海浜公園
- 渋川海岸
- 慶野松原
- 吹上の浜
- 大浜公園
- 二色の浜公園
- 須磨海浜公園・須磨浦公園
- 煙樹海岸
- 鼓ヶ浦
- 七里御浜
- 桂浜
- 室積・虹ヶ浜海岸
- 包ヶ浦海岸

四国
- 観音寺松原
- 津田の松原
- 白鳥神社の松原
- 志島ヶ原海岸
- 大里松原
- 琴ヶ浜
- 種崎千松公園
- 小室の浜

日本の白砂青松百選（1987年，(社) 日本の松の緑を守る会）

1	襟裳岬	えりもみさき	北海道幌泉郡えりも町
2	砂坂海岸	すなざかかいがん	北海道檜山郡江差町
3	屏風山保安林	びょうぶやまほあんりん	青森県西津軽郡木造町・車力村
4	淋代海岸	さびしろかいがん	青森県三沢市
5	種差海岸	たねさしかいがん	青森県八戸市
6	野牛浜	のうしはま	青森県下北郡東通村
7	浄土ヶ浜	じょうどがはま	岩手県宮古市
8	根浜海岸	ねはまかいがん	岩手県釜石市
9	碁石海岸	ごいしかいがん	岩手県大船渡市
10	高田松原	たかたまつばら	岩手県陸前高田市
11	御伊勢浜	おいせはま	宮城県気仙沼市
12	神割崎	かみわりざき	宮城県本吉郡志津川町
13	小泉海岸	こいずみかいがん	宮城県本吉郡本吉町
14	松島	まつしま	宮城県塩釜市，宮城郡松島町・利府町・七ヶ浜町，桃生郡鳴瀬町
15	能代海岸砂防林（風の松原）	のしろかいがんさぼうりん（かぜのまつばら）	秋田県能代市
16	西目海岸	にしめかいがん	秋田県由利郡西目町
17	庄内海岸砂防林	しょうないかいがんさぼうりん	山形県酒田市・鶴岡市・飽海郡遊佐町
18	松川浦	まつかわうら	福島県相馬市
19	新舞子浜	しんまいこはま	福島県いわき市
20	天神浜	てんじんはま	福島県耶麻郡猪苗代町
21	五浦海岸	いつうらかいがん，いづらかいがん	茨城県北茨城市
22	鵜の岬海岸	うのみさきかいがん	茨城県多賀郡十王町
23	村松海岸	むらまつかいがん	茨城県那珂郡東海村
24	大洗海岸	おおあらいかいがん	茨城県東茨城郡大洗町
25	富津岬	ふっつみさき	千葉県富津市
26	平砂浦海岸	へいさうらかいがん	千葉県館山市
27	東条海岸	とうじょうかいがん	千葉県鴨川市
28	九十九里海岸	くじゅうくりかいがん	千葉県旭市，八日市場市ほか
29	磯の松原	いそのまつばら	千葉県千葉市
30	松山海岸	まつやまかいがん	東京都大島大島町
31	式根松島	しきねかいがん	東京都式根島新島村
32	湘南海岸	しょうなんかいがん	神奈川県藤沢市，茅ヶ崎市，平塚市，中郡大磯町
33	真鶴半島	まなづるはんとう	神奈川県足柄下郡真鶴町
34	護国神社周辺の海岸	ごこくじんじゃしゅうへんのかいがん	新潟県新潟市
35	お幕場	おまくば	新潟県岩船郡神林村
36	古志の松原	こしのまつばら	富山県富山市
37	松田江の長浜	まつだえのながはま	富山県氷見市，高岡市
38	増穂浦海岸	ますほがうらかいがん	石川県富来町
39	千里浜・安部屋海岸	ちりはま・あぶやかいがん	石川県羽咋市，羽咋郡押水町・志雄町・志賀町
40	安宅海岸	あたかかいがん	石川県小松市
41	加賀海岸	かがかいがん	石川県加賀市
42	気比の松原	けひのまつばら	福井県敦賀市
43	美浜の根上りの松群	みはまのねあがりのまつぐん	福井県美浜市
44	弓ヶ浜	ゆみがはま	静岡県南伊豆町
45	千本松原	せんぼんまつばら	静岡県沼津市
46	三保の松原	みほのまつばら	静岡県清水市
47	遠州大砂丘	えんしゅうだいさきゅう	静岡県湖西市，浜松市，磐田市，磐田郡竜洋町ほか
48	恋路ヶ浜	こいじがはま	愛知県渥美郡渥美町ほか
49	伊良湖開拓海岸防災林	いらごかいたくかいがんぼうさいりん	愛知県渥美郡渥美町ほか
50	鼓ヶ浦	つづみがうら	三重県鈴鹿市
51	七里御浜	しちりみはま	三重県熊野市，美浜町，和歌山県新宮市ほか

52	雄松崎	おまつざき	滋賀県滋賀郡志賀町
53	湖西の松林	こせいのまつばやし	滋賀県高島郡今津町・マキノ町
54	天橋立	あまのはしだて	京都府宮津市
55	浜詰海岸	はまづめかいがん	京都府熊野郡久美浜町
56	掛津海岸	かけづかいがん	京都府竹野郡網野町
57	二色の浜公園	にしきのはまこうえん	大阪府貝塚市
58	須磨海浜公園・須磨浦公園	すまかいひんこうえん・すまうらこうえん	兵庫県神戸市ほか
59	県立高砂海浜公園	けんりつたかさごかいひんこうえん	兵庫県高砂市
60	浜坂県民サンビーチ	はまさかけんみんさんびーち	兵庫県三方郡浜坂町
61	慶野松原	けいのまつばら	兵庫県三原郡西淡町
62	大浜公園	おおはまこうえん	兵庫県洲本市
63	吹上の浜	ふきあげのはま	兵庫県三原郡南淡町
64	煙樹海岸	えんじゅかいがん	和歌山県日高郡美浜町
65	浦富海岸	うらどめかいがん	鳥取県岩美郡岩美町
66	弓ヶ浜	ゆみがはま	鳥取県米子市夜見町,境港市佐斐神町ほか
67	島根半島海中公園	しまねはんとうかいちゅうこうえん	島根県簸川郡大社町
68	浜田海岸	はまだかいがん	島根県浜田市
69	屋那の松原	やなのまつばら	島根県隠岐郡都万村
70	春日の松群	かすがのまつぐん	島根県隠岐郡布施村
71	渋川海岸	しぶかわかいがん	岡山県玉野市
72	桂浜	かつらがはま	広島県安芸郡倉橋町
73	包ヶ浦海岸	つつみうらかいがん	広島県佐伯郡宮島町
74	室積・虹ヶ浜海岸	むろづみ・にじがはまかいがん	山口県光市
75	大里松原	おおざとまつばら	徳島県海部郡海南町
76	白鳥神社の松原	しろとりじんじゃのまつばら	香川県大川郡白鳥町(現:東かがわ市)
77	津田の松原	つだのまつばら	香川県大川郡津田町(現:さぬき市)
78	観音寺松原	かんおんじまつばら	香川県観音寺市
79	志島ヶ原海岸	ししまがはらかいがん	愛媛県今治市
80	琴ヶ浜	ことがはま	高知県安芸郡芸西村
81	種崎千松公園	たねざきせんしょうこうえん	高知県高知市
82	小室の浜	おむろのはま	高知県高岡郡窪川町
83	三里松原	さんりまつばら	福岡県遠賀郡岡垣町
84	さつき松原	さつきまつばら	福岡県宗像郡玄海町(現:宗像市)
85	海の中道	うみのなかみち	福岡県福岡市
86	生の松原	いきのまつばら	福岡県福岡市
87	幣の松原	にぎのまつばら	福岡県糸島郡志摩町
88	虹ノ松原	にじのまつばら	佐賀県唐津市,東松浦郡浜玉町
89	野田浜	のだはま	長崎県南高来郡加津佐町
90	千々石海岸	ちぢわかいがん	長崎県南高来郡千々石町
91	筒城浜	つつきはま	長崎県壱岐郡石田町(現:壱岐市)
92	有明海岸松並木	ありあけかいがんまつなみき	熊本県荒尾市
93	天草松島	あまくさまつしま	熊本県天草郡松島町
94	白鶴ヶ浜	しらつるがはま	熊本県天草郡天草町
95	奈多海岸	なだかいがん	大分県杵築市
96	波当津海岸	はと(う)づかいがん	大分県南海部郡蒲江町
97	伊勢ヶ浜・小倉ヶ浜	いせがはま・おぐらがはま	宮崎県日向市
98	住吉海岸	すみよしかいがん	宮崎県宮崎市
99	吹上浜	ふきあげはま	鹿児島県加世田市,日置郡市来町・東市来町・吹上町ほか
100	くにの松原	くにのまつばら	鹿児島県肝属郡高山町・東串良町,曽於郡大崎町

社団法人・日本の松の緑(現:財団法人日本緑化センター)を守る会が,白砂青松の松林の保全と回復を図る目的で,各自治体や営林署などから推薦のあった美しい松原(マツ樹林)をともなった海岸,とりわけ砂浜165ヶ所から選定した日本の景勝地.

日本の渚百選

北海道
- 島武意海岸
- 江ノ島海岸
- トド原
- 百人浜・襟裳岬
- イタンキ浜

東北
- 椿山海岸
- 大須賀海岸
- 岡崎海岸
- 浄土ヶ浜
- 鵜ノ崎海岸
- 象潟海岸
- 碁石海岸
- 荒崎
- 高田松原
- 由良海岸
- 十八鳴浜
- 奥松島
- 大洲海岸

九州
- 三宇田浜
- 虹の松原
- 二見ヶ浦
- 海の中道
- 筒城浜
- 波戸岬海岸
- 黒ヶ浜
- 高浜
- 有明海・砂干潟
- 元猿海岸
- 高浜海水浴場
- 日豊海岸・お倉ヶ浜
- 白鶴浜・妙見ヶ浦
- キリシタンの里崎津
- 吹上浜
- 日南海岸

中部・北陸
- 尖閣湾
- 雨晴海岸・松田江の長浜
- 鉢ヶ崎海岸
- 鯨波・青海川海岸
- 千里浜なぎさドライブウェイ
- 小舞子海岸
- 越前松島東尋坊
- 越前海岸
- 宮崎・境海岸（ヒスイ海岸）
- 伊根湾舟屋群
- 若狭小浜
- 諏訪湖ふれあい渚

関東
- 薄磯海岸
- 五浦海岸
- 高戸小浜海岸
- 大洗海岸
- 葛西海浜公園
- 犬吠埼君ヶ浜海岸
- 九十九里浜
- 鵜原・守谷海岸
- 前原・横渚海岸
- 葉山海岸
- 七里ヶ浜
- 照ヶ崎海岸（こゆるぎの浜）
- 筆島
- 弓ヶ浜海岸
- 牛臥・島郷・志下海岸
- 河口湖留守が岩浜
- 山中湖夕焼けの渚

中国
- 鳥取砂丘、白兎海岸
- 弓が浜海岸
- 稲佐の浜
- 琴ヶ浜
- 青海島
- 竹野浜海岸
- 浦富海岸
- 琴引浜
- 天橋立

近畿
- 須磨海岸
- 萩の浜
- 慶野松原
- 沙美海岸
- 渋川海岸
- 白崎海岸
- 白良浜
- 七里御浜
- 二見浦海岸
- 千鳥ヶ浜
- 恋路ヶ浜

四国
- 有明海岸
- 桜井海岸
- 津田の松原
- 満濃池
- 北の脇海岸
- 大浜海岸
- 桂浜公園
- 室戸岬
- 須の川海岸
- 入野海岸
- 室積・虹ヶ浜海岸
- 桂浜ロマン・ビーチ
- 県民の浜・恋ヶ浜

沖縄
- 大浜海浜公園
- 二見ヶ浦海岸
- イーフビーチ
- 佐和田の浜

日本の渚百選（「日本の渚・百選」中央委員会，1996）

1	島武意海岸	しまむいかいがん	北海道積丹町
2	江ノ島海岸	えのしまかいがん	北海道島牧村
3	百人浜・襟裳岬	ひゃくにんはま・えりもみさき	北海道幌泉郡えりも町
4	トド原	とどわら	北海道野付郡別海町
5	イタンキ浜	いたんきはま	北海道室蘭市
6	岡崎海岸	おかざきかいがん	青森県西津軽郡深浦町
7	椿山海岸	つばきやまかいがん	青森県平内町
8	大須賀海岸	おおすがかいがん	青森県八戸市
9	高田松原	たかたまつばら	岩手県陸前高田市
10	浄土ヶ浜	じょうどがはま	岩手県宮古市
11	碁石海岸	ごいしかいがん	岩手県大船渡市
12	奥松島	おくまつしま	宮城県東松島市
13	十八鳴浜	くぐなりはま	宮城県気仙沼市
14	象潟海岸	きさかたかいがん	秋田県にかほ市
15	鵜ノ崎海岸	うのさきかいがん	秋田県男鹿市
16	荒崎	あらさき	山形県酒田市
17	由良海岸	ゆらかいがん	山形県鶴岡市
18	薄磯海岸	うすいそかいがん	福島県いわき市
19	大洲海岸	おおすかいがん	福島県相馬市
20	大洗海岸	おおあらいかいがん	茨城県大洗町
21	五浦海岸	いづらかいがん	茨城県北茨城市
22	高戸小浜海岸	たかどこはまかいがん	茨城県高萩市
23	九十九里海岸	くじゅうくりはま	千葉県旭市，横芝光町，山武市，匝瑳市
24	鵜原・守谷海岸	うばら・もりやかいがん	千葉県勝浦市
25	犬吠埼 君ヶ浜海岸	いぬぼうさききみがはまかいがん	千葉県銚子市
26	前原・横渚海岸	まえばらよこすかいがん	千葉県鴨川市
27	筆島	ふでしま	東京都大島町
28	葛西海浜公園 東なぎさ・西なぎさ	かさいかいひんこうえん ひがしなぎさ・にしなぎさ	東京都江戸川区
29	照ヶ崎海岸（こゆるぎの浜）	てるがさきかいがん（こゆるぎのはま）	神奈川県中郡大磯町
30	葉山海岸	はやまかいがん	神奈川県葉山町
31	七里ヶ浜	しちりがはま	神奈川県鎌倉市
32	鯨波・青海川海岸	くじらなみ・おうみがわかいがん	新潟県柏崎市
33	尖閣湾	せんかくわん	新潟県佐渡市
34	雨晴海岸・松田江の長浜	あまはらしかいがん・まつだえのながはま	富山県高岡市
35	宮崎・境海岸（ヒスイ海岸）	みやざき・さかいかいがん	富山県朝日町
36	千里浜なぎさドライブウェイ	ちりはまなぎさどらいぶうぇい	石川県羽咋市，宝達志水町
37	鉢ヶ崎海岸	はちがさきかいがん	石川県珠洲市
38	小舞子海岸	こまいこかいがん	石川県白山市
39	越前松島東尋坊	えちぜんまつしまとうじんぼう	福井県坂井市
40	越前海岸	えちぜんかいがん	福井県丹生郡越前町，福井市
41	若狭小浜	わかさこはま	福井県小浜市
42	山中湖夕焼けの渚	やまなかこゆうやけのなぎさ	山梨県山中湖村
43	河口湖留守が岩浜	かわぐちこるすがいわはま	山梨県富士河口湖町
44	諏訪湖ふれあい渚	すわこふれあいなぎさ	長野県諏訪市
45	弓ヶ浜海岸	ゆみがはまかいがん	静岡県南伊豆町
46	牛臥・島郷・志下海岸	うしぶせ・とうごう・しげかいがん	静岡県沼津市
47	恋路ヶ浜	こいじがはま	愛知県田原市
48	千鳥ヶ浜	ちどりがはま	愛知県知多郡南知多町
49	七里御浜	しちりみはま	三重県熊野市
50	二見浦海岸	ふたみがうらかいがん	三重県伊勢市
51	萩の浜	はぎのはま	滋賀県高島市
52	天橋立	あまのはしだて	京都府宮津市
53	伊根湾舟屋群	いねわんふなやぐん	京都府与謝郡伊根町
54	琴引浜	ことひきはま	京都府京丹後市

55	慶野松原	けいのまつばら	兵庫県南あわじ市
56	竹野浜海岸	たけのはまかいがん	兵庫県豊岡市
57	須磨海岸	すまかいがん	兵庫県神戸市
58	白崎海岸	しらさきかいがん	和歌山県日高郡由良町
59	白良浜	しららはま	和歌山県白浜町
60	浦富海岸	うらどめかいがん	鳥取県岩美町
61	鳥取砂丘，白兎海岸	とっとりさきゅう，しらとかいがん	鳥取県鳥取市
62	弓が浜海岸	ゆみがはまかいがん	鳥取県境港市，米子市
63	稲佐の浜	いなさのはま	島根県出雲市
64	琴ヶ浜	ことがはま	島根県大田市
65	渋川海岸	しぶかわかいがん	岡山県玉野市
66	沙美海岸	さみかいがん	岡山県倉敷市
67	桂浜ロマン・ビーチ	かつらはまろまんびーち	広島県呉市
68	県民の浜・恋ヶ浜	けんみんのはま　こいがはま	広島市呉市
69	室積・虹ヶ浜海岸	むろづみにじがはまかいがん	山口県光市
70	青海島	おおみじま	山口県長門市
71	大浜海岸	おおはまかいがん	徳島県海部郡美波町
72	北の脇海岸	きたのわきかいがん	徳島県阿南市
73	津田の松原	つだのまつばら	香川県さぬき市
74	有明海岸	ありあけかいがん	香川県観音寺市
75	満濃池	まんのういけ	香川県仲多度郡まんのう町
76	桜井海岸	さくらいかいがん	愛媛県今治市
77	須の川海岸	すのかわかいがん	愛媛県愛南町
78	桂浜公園	かつらはまこうえん	高知県高知市
79	入野海岸	いりのかいがん	高知県黒潮町
80	室戸岬	むろとみさき	高知県室戸市
81	二見ヶ浦	ふたみがうら	福岡県糸島郡志摩町
82	海の中道	うみのなかみち	福岡県福岡市
83	虹の松原	にじのまつばら	佐賀県唐津市
84	波戸岬海岸	はどみさきかいがん	佐賀県唐津市
85	高浜海水浴場	たかはまかいすいよくじょう	長崎県長崎市
86	筒城浜	つつきはま	長崎県壱岐市
87	三宇田浜	みうだはま	長崎県対馬市
88	高浜	たかはま	長崎県五島市
89	キリシタンの里崎津	きりしたんのさとざきつ	熊本県天草市
90	白鶴浜・妙見ヶ浦	しらつるはま・みょうけんがうら	熊本県天草市
91	有明海・砂干潟	ありあけかい・すなひがた	熊本県宇土市
92	元猿海岸	もとさるかいがん	大分県佐伯市
93	黒ヶ浜	くろがはま	大分県大分市
94	日南海岸	にちなんかいがん	宮崎県宮崎市，串間市
95	日豊海岸・お倉ヶ浜	にっぽうかいがん・おくらがはま	宮崎県日向市
96	吹上浜	ふきあげはま	鹿児島県日置市
97	大浜海浜公園	おおはまかいひんこうえん	鹿児島県奄美市
98	二見ヶ浦海岸	ふたみがうらかいがん	沖縄県島尻郡伊是名村
99	イーフビーチ	いーふびーち	沖縄県久米島町
100	佐和田の浜	さわたのはま	沖縄県宮古島市

　1996年，海の日制定を記念して農林水産省・運輸省・建設省・環境庁などの後援によって234ヶ所の公募の中から「日本の渚・百選」中央委員会が選定．

　「日本の渚・百選」は，平成8年から「海の日」が国民の祝日となったことから，その機会に「海」の持つ重要な役割を改めて広く国民に認識してもらうとともに，海の恵みに感謝し，海を大切にする国民の心をはぐくむことを目的として，全国から，景観資源としての特色，海保全及び環境保全等の対策，生活者との深い関わり合い等の観点から，優れた「渚」を選定したもので，農林水産省，運輸省，建設省，環境庁などの後援を受けて実施された．

　選定にあたっては，学識経験者による選定委員が，全国の都道府県から推薦された「渚」と，一般国民から応募された「渚」から，「日本の渚・百選」にふさわしい渚の選定が行われた．対象は湖沼等の内水面も含まれている．

快水浴場百選

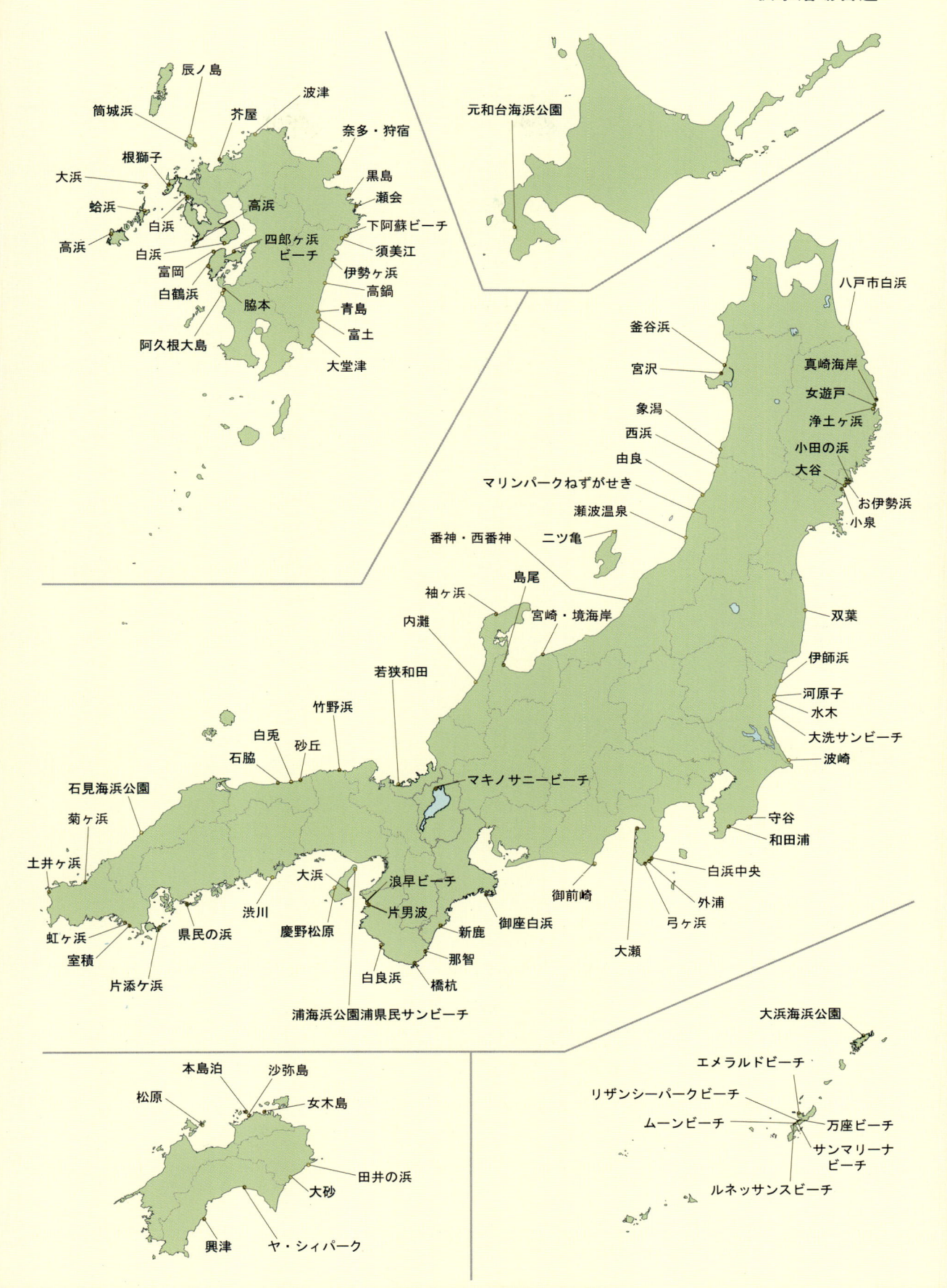

北海道・東北

- 元和台海浜公園
- 八戸市白浜
- 真崎海岸
- 女遊戸
- 浄土ヶ浜
- 小田の浜
- 大谷
- お伊勢浜
- 小泉
- 釜谷浜
- 宮沢
- 象潟
- 西浜
- 由良
- マリンパークねずがせき
- 瀬波温泉
- 番神・西番神
- 二ツ亀

関東・中部

- 双葉
- 伊師浜
- 河原子
- 水木
- 大洗サンビーチ
- 波崎
- 守谷
- 和田浦
- 白浜中央
- 外浦
- 弓ヶ浜
- 御前崎
- 大瀬
- 島尾
- 宮崎・境海岸
- 袖ヶ浜
- 内灘
- 若狭和田
- マキノサニービーチ

近畿・中国・四国

- 竹野浜
- 砂丘
- 白兎
- 石脇
- 石見海浜公園
- 菊ヶ浜
- 土井ヶ浜
- 虹ヶ浜
- 室積
- 片添ケ浜
- 県民の浜
- 渋川
- 大浜
- 慶野松原
- 浪早ビーチ
- 片男波
- 新鹿
- 那智
- 橋杭
- 白良浜
- 御座白浜
- 浦海浜公園浦県民サンビーチ
- 本島泊
- 沙弥島
- 松原
- 女木島
- 田井の浜
- 大砂
- ヤ・シィパーク
- 興津

九州

- 辰ノ島
- 筒城浜
- 芥屋
- 波津
- 奈多・狩宿
- 根獅子
- 大浜
- 蛤浜
- 黒島
- 瀬会
- 高浜
- 白浜
- 四郎ヶ浜ビーチ
- 下阿蘇ビーチ
- 須美江
- 高浜
- 白浜
- 富岡
- 伊勢ヶ浜
- 高鍋
- 白鶴浜
- 脇本
- 青島
- 阿久根大島
- 富土
- 大堂津

沖縄

- 大浜海浜公園
- エメラルドビーチ
- リザンシーパークビーチ
- ムーンビーチ
- 万座ビーチ
- サンマリーナビーチ
- ルネッサンスビーチ

快水浴場百選 (2006年，環境省選定)

1	元和台海浜公園	げんなだいかいひんこうえん	北海道爾志郡乙部町
2	八戸市白浜海水浴場	はちのへししらはまかいすいよくじょう	青森県八戸市
3	真崎海岸海水浴場	まさきかいがんかいすいよくじょう	岩手県宮古市
4	女遊戸海水浴場	おなっぺかいすいよくじょう	岩手県宮古市
5	浄土ヶ浜海水浴場*	じょうどがはまかいすいよくじょう	岩手県宮古市
6	小田の浜海水浴場*	こだのはまかいすいよくじょう	宮城県気仙沼市
7	お伊勢浜海水浴場	おいせはまかいすいよくじょう	宮城県気仙沼市
8	大谷海水浴場	おおやかいすいよくじょう	宮城県気仙沼市
9	小泉海水浴場	こいずみかいすいよくじょう	宮城県気仙沼市
10	釜谷浜海水浴場	かまやはまかいすいよくじょう	秋田県山本郡三種町
11	宮沢海水浴場	みやざわかいすいよくじょう	秋田県男鹿市
12	象潟海水浴場	きさかたかいすいよくじょう	秋田県にかほ市
13	西浜海水浴場	にしはまかいすいよくじょう	山形県飽海郡遊佐町
14	由良海水浴場	ゆらかいすいよくじょう	山形県鶴岡市
15	マリンパークねずがせき	まりんぱーくねずがせき	山形県鶴岡市
16	双葉海水浴場	ふたばかいすいよくじょう	福島県双葉郡双葉町
17	伊師浜海水浴場	いしはまかいすいよくじょう	茨城県日立市
18	河原子海水浴場	かわらごかいすいよくじょう	茨城県日立市
19	水木海水浴場	みずきかいすいよくじょう	茨城県日立市
20	大洗サンビーチ	おおあらいさんびーち	茨城県東茨城郡大洗町
21	波崎海水浴場	はさきかいすいよくじょう	茨城県神栖市
22	守谷海水浴場	もりやかいすいよくじょう	千葉県勝浦市
23	和田浦海水浴場	わだうらかいすいよくじょう	千葉県南房総市
24	瀬波温泉海水浴場	せなみおんせんかいすいよくじょう	新潟県村上市
25	二ツ亀海水浴場	ふたつがめかいすいよくじょう	新潟県佐渡市
26	番神・西番神海水浴場	ばんじん・にしばんじんかいすいよくじょう	新潟県柏崎市
27	宮崎・境海岸海水浴場	みやざき・さかいかいすいよくじょう	富山県下新川郡朝日町
28	島尾海水浴場	しまおかいすいよくじょう	富山県氷見市
29	袖ヶ浜海水浴場	そでがはまかいすいよくじょう	石川県輪島市
30	内灘海水浴場	うちなだかいすいよくじょう	石川県河北郡内灘町
31	若狭和田海水浴場	わかさわだかいすいよくじょう	福井県大飯郡高浜町
32	白浜中央海水浴場	しらはまちゅうおうかいすいよくじょう	静岡県下田市
33	外浦海水浴場	そとうらかいすいよくじょう	静岡県下田市
34	弓ヶ浜海水浴場	ゆみがはまかいすいよくじょう	静岡県賀茂郡南伊豆町
35	大瀬海水浴場	おせかいすいよくじょう	静岡県沼津市
36	御前崎海水浴場	おまえざきかいすいよくじょう	静岡県御前崎市
37	御座白浜海水浴場	ござしらはまかいすいよくじょう	三重県志摩市
38	新鹿海水浴場	あたしかかいすいよくじょう	三重県熊野市
39	マキノサニービーチ**	まきのさにーびーち	滋賀県高島市
40	竹野浜海水浴場	たけのはまかいすいよくじょう	兵庫県豊岡市
41	浦県民サンビーチ	うらけんみんさんびーち	兵庫県淡路市
42	大浜海水浴場	おおはまかいすいよくじょう	兵庫県洲本市
43	慶野松原海水浴場*	けいのまつばらかいすいよくじょう	兵庫県南あわじ市
44	那智海水浴場*	なちかいすいよくじょう	和歌山県東牟婁郡那智勝浦町
45	橋杭海水浴場	はしぐいかいすいよくじょう	和歌山県東牟婁郡串本町
46	白良浜海水浴場	しららはまかいすいよくじょう	和歌山県西牟婁郡白浜町
47	片男波海水浴場*	かたおなみかいすいよくじょう	和歌山県和歌山市
48	浪早ビーチ	なみはやびーち	和歌山県和歌山市
49	砂丘海水浴場	さきゅうかいすいよくじょう	鳥取県鳥取市
50	白兎海水浴場	はくとかいすいよくじょう	鳥取県鳥取市
51	石脇海水浴場	いしわきかいすいよくじょう	鳥取県東伯郡湯梨浜町
52	島根県立石見海浜公園	しまねけんりついわみかいひんこうえん	島根県浜田市
53	渋川海水浴場	しぶかわかいすいよくじょう	岡山県玉野市

54	県民の浜海水浴場	けんみんのはまかいすいよくじょう	広島県呉市
55	片添ヶ浜海水浴場	かたそえがはまかいすいよくじょう	山口県大島郡周防大島町
56	室積海水浴場	むろづみかいすいよくじょう	山口県光市
57	虹ヶ浜海水浴場	にじがはまかいすいよくじょう	山口県光市
58	土井ヶ浜海水浴場	どいがはまかいすいよくじょう	山口県下関市
59	菊ヶ浜海水浴場	きくがはまかいすいよくじょう	山口県萩市
60	田井の浜海水浴場	たいのはまかいすいよくじょう	徳島県海部郡美波町
61	大砂海水浴場*	おおずなかいすいよくじょう	徳島県海部郡海陽町
62	女木島海水浴場	めぎじまかいすいよくじょう	香川県高松市女木島
63	沙弥島海水浴場	しゃみじまかいすいよくじょう	香川県坂出市
64	本島泊海水浴場***	ほんじまとまりかいすいよくじょう	香川県丸亀市
65	松原海水浴場	まつばらかいすいよくじょう	愛媛県越智郡上島町
66	ヤ・シィパーク海水浴場	やしいぱーくかいすいよくじょう	高知県香南市
67	興津海水浴場	おきつかいすいよくじょう	高知県高岡郡四万十町
68	波津海水浴場	はつかいすいよくじょう	福岡県遠賀郡岡垣町
69	芥屋海水浴場	けやかいすいよくじょう	福岡県糸島市
70	辰ノ島海水浴場	たつのしまかいすいよくじょう	長崎県壱岐市
71	筒城浜海水浴場	つつきはまかいすいよくじょう	長崎県壱岐市
72	根獅子海水浴場	ねしこかいすいよくじょう	長崎県平戸市
73	白浜海水浴場	しらはまかいすいよくじょう	長崎県佐世保市
74	高浜海水浴場	たかはまかいすいよくじょう	長崎県長崎市
75	白浜海水浴場	しらはまかいすいよくじょう	長崎県南島原市
76	大浜海水浴場	おおはまかいすいよくじょう	長崎県佐世保市
77	蛤浜海水浴場	はまぐりはまかいすいよくじょう	長崎県南松浦郡新上五島町
78	高浜海水浴場	たかはまかいすいよくじょう	長崎県五島市
79	四郎ヶ浜ビーチ	しろうがはまびーち	熊本県天草市
80	富岡海水浴場	とみおかかいすいよくじょう	熊本県天草郡苓北町
81	白鶴浜海水浴場	しらつるはまかいすいよくじょう	熊本県天草市
82	奈多・狩宿海水浴場	なだ・かりしゅくかいすいよくじょう	大分県杵築市
83	黒島海水浴場	くろしまかいすいよくじょう	大分県臼杵市
84	瀬会海水浴場	ぜあいかいすいよくじょう	大分県佐伯市
85	下阿蘇ビーチ*	しもあそびーち	宮崎県延岡市
86	須美江海水浴場	すみえかいすいよくじょう	宮崎県延岡市
87	伊勢ヶ浜海水浴場	いせがはまかいすいよくじょう	宮崎県日向市
88	高鍋海水浴場	たかなべかいすいよくじょう	宮崎県児湯郡高鍋町
89	青島海水浴場	あおしまかいすいよくじょう	宮崎県宮崎市
90	富土海水浴場	ふとかいすいよくじょう	宮崎県日南市
91	大堂津海水浴場	おおどうつかいすいよくじょう	宮崎県日南市
92	脇本海水浴場	わきもとかいすいよくじょう	鹿児島県阿久根市
93	阿久根大島海水浴場	あくねおおしまかいすいよくじょう	鹿児島県阿久根市
94	大浜海浜公園	おおはまかいひんこうえん	鹿児島県奄美市
95	国営沖縄記念公園エメラルドビーチ	こくえいおきなわきねんこうえん	沖縄県国頭郡本部町
96	万座ビーチ*	まんざびーち	沖縄県国頭郡恩納村
97	リザンシーパークビーチ*	りざんしーぱーくびーち	沖縄県国頭郡恩納村
98	サンマリーナビーチ	さんまりーなびーち	沖縄県国頭郡恩納村
99	ムーンビーチ	むーんびーち	沖縄県国頭郡恩納村
100	ルネッサンスビーチ*	るねっさんすびーち	沖縄県国頭郡恩納村

　環境省は，個性ある水浴場を美しい，清らか，安らげる，優しい，豊か，など5つの観点から評価し，2006年には海，湖，島のそれぞれの部門から計100箇所の水浴場を選定している．その内，特に優れた12カ所の水浴場（海の部10，島の部1，湖の部1）を特選としている．
　* 海の部特選，** 湖の部特選，*** 島の部特選

国立公園・日本三景

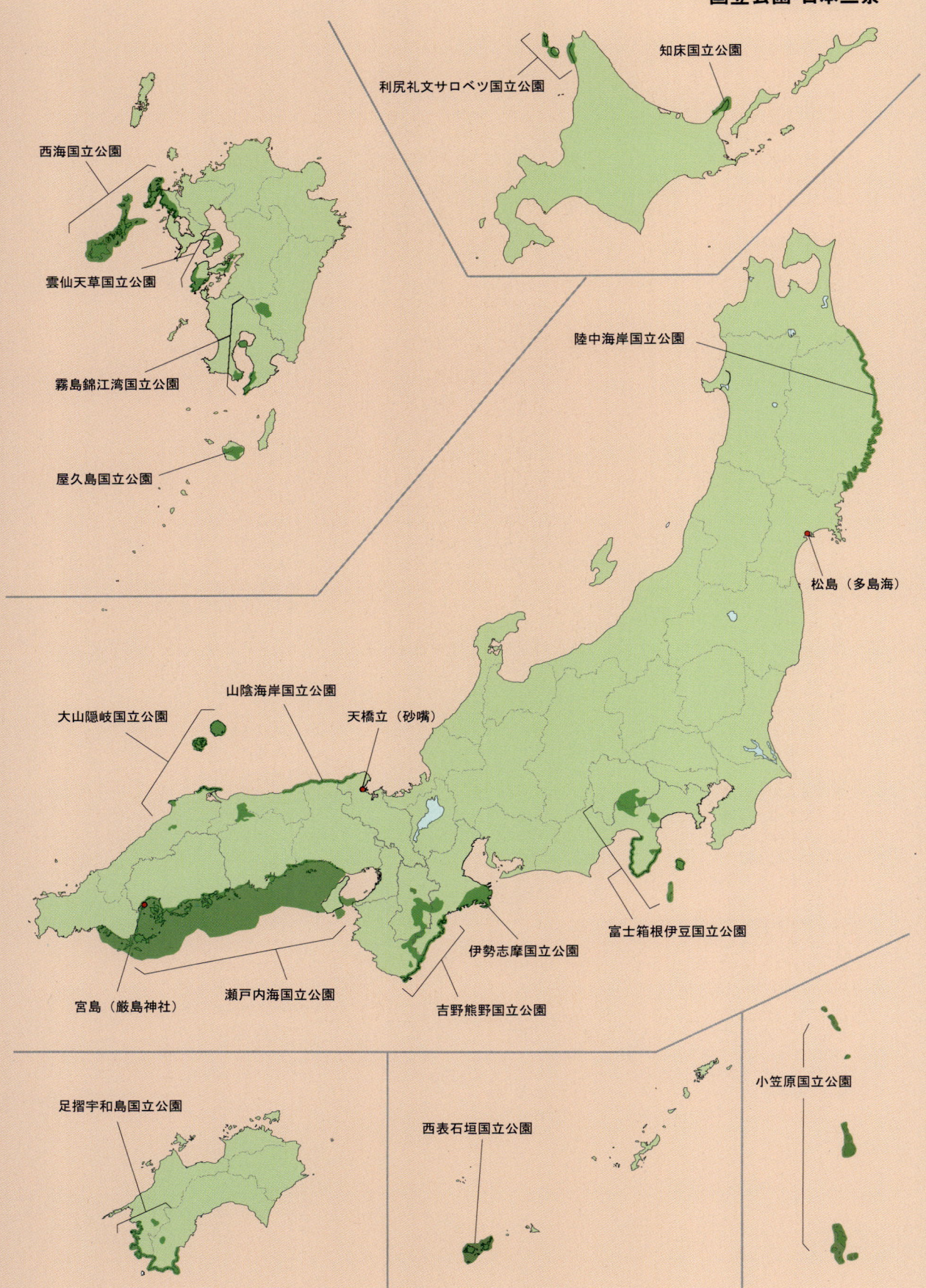

- 利尻礼文サロベツ国立公園
- 知床国立公園
- 西海国立公園
- 雲仙天草国立公園
- 霧島錦江湾国立公園
- 屋久島国立公園
- 陸中海岸国立公園
- 松島（多島海）
- 大山隠岐国立公園
- 山陰海岸国立公園
- 天橋立（砂嘴）
- 富士箱根伊豆国立公園
- 伊勢志摩国立公園
- 宮島（厳島神社）
- 瀬戸内海国立公園
- 吉野熊野国立公園
- 足摺宇和島国立公園
- 西表石垣国立公園
- 小笠原国立公園

国立公園（各国立公園の海岸部のみ）

1	利尻礼文サロベツ国立公園 りしりれぶんさろべつこくりつこうえん	北海道稚内市，礼文郡，利尻郡，天塩郡	1974年9月20日指定
2	知床国立公園 しれとここくりつこうえん	北海道斜里郡，目梨郡	1964年6月1日指定
3	陸中海岸国立公園 りくちゅうかいがんこくりつこうえん	青森県，岩手県，宮城県にまたがる太平洋沿岸部	1955年5月2日指定
4	小笠原国立公園 おがさわらこくりつこうえん	東京都小笠原村	1972年10月16日指定
5	富士箱根伊豆国立公園 ふじはこねいずこくりつこうえん	神奈川県，静岡県，東京都，山梨県にまたがる富士山・箱根・伊豆半島・伊豆諸島の4地域	富士箱根国立公園として1936年2月1日指定
6	伊勢志摩国立公園 いせしまこくりつこうえん	三重県伊勢市，鳥羽市，志摩市，度会郡	1946年11月20日指定
7	吉野熊野国立公園 よしのくまのこくりつこうえん	奈良県・三重県・和歌山県の紀伊半島3県に跨がる	1936年2月1日指定
8	山陰海岸国立公園 さんいんかいがんこくりつこうえん	京都府京丹後市，兵庫県豊岡市・香美町・新温泉町，鳥取県鳥取市・岩美町	1963年7月15日指定・山陰海岸国定公園から昇格
9	大山隠岐国立公園 だいせんおきこくりつこうえん	鳥取県，島根県，岡山県にまたがる山岳部，海岸部および島嶼部	大山国立公園として1936年2月1日指定
10	瀬戸内海国立公園 せとないかいこくりつこうえん	大阪府，和歌山県，兵庫県，岡山県，広島県，山口県，徳島県，香川県，愛媛県，福岡県，大分県にまたがる瀬戸内海を中心とする地域	1934年3月16日指定
11	足摺宇和島国立公園 あしずりうわかいこくりつこうえん	高知県，愛媛県にまたがる海岸部および山岳部	1972年11月10日指定・足摺国定公園から昇格
12	西海国立公園 さいかいこくりつこうえん	長崎県佐世保市，平戸市，五島市，西海市，北松浦郡，南松浦郡	1955年3月16日指定
13	雲仙天草国立公園 うんぜんあまくさこくりつこうえん	長崎県雲仙市・島原市・南島原市，熊本県天草市・上天草市・苓北町，鹿児島県長島町	雲仙国立公園として1934年3月16日指定
14	霧島錦江湾国立公園 きりしまきんこうわんこくりつこうえん	鹿児島県鹿児島市・指宿市・垂水市・霧島市・姶良市・湧水町・南大隅町，宮崎県都城市・小林市・えびの市・高原町	霧島国立公園として1934年3月16日指定・その後「霧島屋久国立公園」となり2012年3月16日に屋久島国立公園の分離等を行い名称及び区域変更
15	屋久島国立公園 やくしまこくりつこうえん	鹿児島県屋久島，口永良部島	2012年3月16日指定・霧島屋久国立公園から屋久島地域を分離
16	西表石垣国立公園 いりおもていしがきこくりつこうえん	沖縄県石垣市，八重山郡竹富町	西表国立公園として1972年5月15日指定・西表政府立公園を移管

うち，知床と小笠原は，世界自然遺産でもある．

日本三景

1	松島（多島海）	まつしま	宮城県松島町
2	天橋立（砂嘴）	あまのはしだて	京都府宮津市
3	宮島（厳島神社）	みやじま	広島県廿日市市

江戸時代（1643年），儒学者・林春斎の著書『日本国事跡考』に記されていることを端緒に「日本三景」という括りが始まったとされる．

文　　献

総説 1
IPCC (2007)：Climate Change 2007：The Fourth Assessment Report. Cambridge University Press.

総説 2
柴山知也・柴山真琴・東江隆夫 (1996)：途上国の発展段階に位置づけた海岸問題発現の比較研究．海岸工学論文集，第 43 巻，1291-1295．

1　北海道北部の海岸
舘山一孝・榎本浩之 (2011)：衛星リモートセンシングによるオホーツク海氷厚変動の監視．土木学会論文集 B3（海洋開発）特集号，**67**(2)，727-731．

4　西津軽海岸
今村明恒 (1935)：津軽十二湖の成因．地質学雑誌，**42**，820-821．
今村明恒 (1937)：青森県岩崎より青森市に至る水準線路に於ける過去および最近の陸地変形に就て．地震，**9**，69-74．
小池一之・町田　洋編 (2001)：日本の海成段丘アトラス．東京大学出版会，p. 105 ＋ CD-ROM 3 枚．
Nakata, T., Imaizumi, T. and Matsumoto, H. (1976)：Late Quaternary tectonic movements on the Nishi-tsugaru Coast, with reference to seismic crustal deformation. *Sci. Rep. Tohoku Univ.*, 7th Ser. (Geogr.), **26**, 101-112.
太田陽子・伊倉久美子 (1999)：西津軽地域の海成段丘上に発達する古ランドスライドの分布と意義．地理学評論，**72A**(12)，829-848．
宮内崇裕 (1988)：東北日本北部における後期更新世海成面の対比と編年．地理学評論，**61**(5)，404-422．
宮内崇裕 (1990)：日本海東縁海岸地域の完新世地震性地殻変動．地学雑誌，**99**，390-391．
八木浩司・吉川契子 (1988)：西津軽沿岸の完新世海成段丘と地殻変動．東北地理，**40**，247-257．

5　秋田県の海岸
松冨英夫 (2010)：子吉川．日本の河口（沢本正樹・真野明・田中仁編），pp. 63-73，古今書院．
松冨英夫・稲葉健史郎 (2012)：汀線位置変動からみた地球温暖化，東北地域災害科学研究，**48**，185-188．

7　蒲生干潟
大森迪夫・鼈田義成 (1988)：河口域の魚．河口・沿岸域の生態学とエコテクノロジー（栗原康編），pp. 108-118，東海大学出版会．
田中　仁 (2004)：河口周辺における地形変化と生態系への影響．月刊「海洋」総特集―流域・河口海岸系における物質輸送と環境・防災―，**36**(3)，236-241．

8　松島
松本秀明 (1984)：宮城県松島湾の沈水過程．東北地理，**36**，46-53．
松本秀明 (1988)：宮城県松島湾の沈水過程に関する再検討．東北地理，**40**，290-291．

9　夏井・四倉海岸
長林久夫・堺　茂樹 (2010)：第 8 章東北沿岸の中小河川．日本の河口（沢本正樹，真野明，田中仁編），古今書院．

10　五浦海岸
宇多高明 (1997)：日本の海岸侵食．山海堂．

11　茨城県南部の海岸
宇多高明 (1997)：日本の海岸侵食．山海堂．

12 三番瀬

東　将司・佐々木淳（2008）：東京湾三番瀬におけるカキ礁生態系の環境機能評価．海洋開発論文集，**24**，801-806．

市岡志保・佐々木淳・吉本侑矢・下迫健一郎・木村俊介（2009）：航路と浚渫窪地に着目した硫化物動態と青潮影響に関する考察．土木学会論文集 B2，**65**(1)，1041-1045．

市川市建設局都市政策室編（2003）：三番瀬の再生に向けて―地元市川市の挑戦―．市川市．

三番瀬再生計画検討会議（2004）：三番瀬の変遷．千葉県総合企画部企画調整課．

佐々木淳・前田周作（2006）：酸素消費速度に着目した干潟・浅瀬の環境評価．海岸工学論文集，**53**，1046-1050．

Sasaki, J., Ito, K., Suzuki, T., Wiyono, R. U. A., Oda, Y., Takayama, Y., Yokota, K., Furuta, A. and Takagi, H. (2012): Behavior of the 2011 Tohoku earthquake tsunami and resultant damage in Tokyo Bay. *Coastal Engineering Journal*, **54**(1), 1250012.

13 東京湾の埋立地

江戸東京湾研究会（1991）：江戸東京湾辞典．新人物往来社．

環境庁（1998）：第5回自然環境保全基礎調査海辺調査総合報告書．

菊地利夫（1974）：環境科学ライブラリー⑧東京湾史．大日本図書．

国土交通省（2003）：首都圏整備に関する年次報告（首都圏白書）．

松田磐余（2009）：江戸・東京地形学散歩（増補改訂版），フィールドスタディ文庫2，之潮．

宮崎正衛（2003）：高潮の研究―その実例とメカニズム，p.134，成山堂書店．

Sasaki, J., Ito, K., Suzuki, T., Wiyono, R. U. A., Oda, Y., Takayama, Y., Yokota, K., Furuta, A. and Takagi, H. (2012): Behavior of the 2011 Tohoku earthquake tsunami and resultant damage in Tokyo Bay. *Coastal Engineering Journal*, **54**(1), 1250012.

14 沖ノ鳥島

環境省・日本サンゴ礁学会編（2004）：日本のサンゴ礁．環境省．

Kayanne, H., Hongo, C., Okaji, K., Ide, Y., Hayashibara, T., Yamamoto, H., Mikami, N., Onodera, K., Ootsubo, T., Takano, H., Tonegawa, M. and Maruyama, S. (2012): Low species diversity of hermatypic corals on an isolated reef, Okinotorishima, in the northwestern Pacific. Galaxea, *Journal of Coral Reef Studies*, **14**, 73-95.

16 藤沢海岸

藤沢市観光協会（1986）：江の島海水浴場―開設100周年記念誌―，p.95．

藤沢市（2011）：藤沢市観光復興計画，p.72．

神奈川県（2010）：相模湾沿岸海岸侵食対策計画，p.114．

19 気比の松原海岸と和田・高浜海岸

福井県海岸保全基本計画（加越沿岸・若狭湾沿岸），福井県．

人道の港　敦賀，敦賀市．

敦賀観光，敦賀市，2011．

素敵に私的に絵になる高浜，高浜町観光協会・福井県高浜町まちづくり課．

20 駿河湾の海岸

国土交通省沼津河川国道事務所ホームページ：(http://www.cbr.mlit.go.jp/numazu/index.html)

松原彰子（2011）：自然地理学―自然環境の過去・現在・未来（第3版）．慶應義塾大学出版会．

宇田高明（1997）：日本の海岸侵食．山海堂．

25 松名瀬海岸

日本海洋学会沿岸海洋研究部会「沿岸海洋誌」編集委員会編（1985）：日本全国沿岸海洋誌．pp.493-559，東海大学出版会．

三重県・株式会社創建（2012）：平成23年度水域環境保全三重保全地区伊勢湾二期工区水域環境保全創造事業調査業務報告書．三重県農水商工部水産基盤室．

三重県環境森林部自然環境室（2006）：三重県レッドデータブック2005 植物・キノコ．（財）三重県環境保全事業団．

三重県・モリエコロジー株式会社（2010）：平成21年度藻場・干潟等分布状況マップ作成委託業務報告書．三重県農水商工部水産基盤室．

26 白良浜

土屋義人・河田惠昭・芝野照夫・山下隆男（1984）：白良浜の海浜課程とその保全（1）．京都大学防災研究所年報，第 27 号，B-2，513-555．

土屋義人・河田惠昭・芝野照夫・山下隆男（1985）：白良浜の海浜課程とその保全（2）．京都大学防災研究所年報，第 28 号，B-2，565-589．

27 大阪府の海岸

梶山彦太郎・市原 実（1985）：続大阪平野発達史．青木書店．
環境省（1998）：平成 8 年度自然環境保全基礎調査．

29 兵庫県の海岸

兵庫県県土整備部土木局港湾課編集（2008）：ひょうごの海岸．兵庫県港湾協会．
兵庫県ホームページ：http://web.pref.hyogo.jp/area/tajima/area_00020.html
山陰海岸ジオパーク推進協議会ホームページ：
http://sanin-geo.jp/modules/geopark/index.php/city/index008.html

30 鳥取海岸

Bagnold, P. A. (1941)：*The physics of blown sand and desert dunes.*, London Methuen.
木村 晃・大野賢一（2006）：鳥取海岸における海底地形の短期変化について．海岸工学論文集，第 53 巻，571-595．
木村 晃・大野賢一（2007）：鳥取海岸における沿岸砂州の短期変化について．海岸工学論文集，第 54 巻，666-670．

31 牛窓諸島

池田 碩（1998）：花崗岩地形の世界．古今書院．
谷口澄夫・石田 寛（1996）：岡山県風土紀．旺文社．
牛窓町史編集委員会（2001）：牛窓町史通史編．牛窓町．

37 東与賀海岸

有明干拓史編集委員会（1969）：有明干拓史．九州農政局有明干拓建設事業所．
佐賀県（2003）：佐賀平野の水事情―佐賀平野における人と水との関わりについて考える―．佐賀県土木部河川砂防課．
菅野 徹（1981）：有明海―自然・生物・観察ガイド―．東海大学出版会．

39 有明海・天草・八代海

滝川 清（2002）：漁場環境を考える～有明海の海域環境特性～．（社）日本水産資源保護協会，月報．No. 451, 3-10．
熊本県（2006）：有明海・八代海干潟等沿岸海域再生検討委員会：委員会報告 ～有明海・八代海干潟等沿岸海域の再生に向けて～．
農林水産省九州農政局玉名横島海岸保全事業所（2005）：直轄海岸保全事業玉名横島地区，パンフレット．
熊本県（2008）：熊本港，パンフレット．
滝川 清，増田龍哉，他（2009）：有明海沿岸干潟域における生物生息場の「回復」「創成」「工夫」による自然再生へ向けた取り組み，海洋開発論文集，第 25 巻，317-322．
熊本県（2004）：海岸保全基本計画（有明海沿岸，八代海沿岸，天草西沿岸）．
水産庁漁港漁場整備部・農林水産省農村振興局・林野庁森林整備部・国土交通省港湾局（2008）：平成 19 年度社会資本整備事業調整費「浅海化・干潟化による影響緩和のための一体的な基盤整備方策検討調査報告書」．

40 大分県豊後水道・高島の海岸

大分県（1953）：「高島」瀬戸内海国立公園候補地資料，p.23．

41 宮崎の海岸

青島総合調査会（宮崎リンネ会）（1984）：青島総合調査報告書．
宮崎県高等学校教育研究会理科・地学部会編（1979）：宮崎県地学のガイド．コロナ社．

42 指宿海岸

長山昭夫・山口裕之・茶屋彰仁・田中龍児・中村和夫・浅野敏之 (2009)：指宿知林ヶ島陸繋砂州の形成・消滅過程に関する基礎的研究. 海岸工学論文集, 第56巻, 586-590.

長山昭夫・谷山昌弘・川上弘次・浅野敏之 (2010)：指宿知林ヶ島陸繋砂州の年間を通じた変動過程に関する研究. 土木学会論文集B2（海岸工学）, 66 (1), 156-160.

長山昭夫・浅野敏之 (2011)：指宿知林ヶ島陸繋砂州の断面形状特性に関する研究. 土木学会論文集B3（海洋開発）, 67 (2), I_762-I_767.

櫻井仁人・前田明夫・杉森康宏・久保田雅久 (2000)：鹿児島湾の湾口断面を通しての海水流入・流出過程. 海の研究, 9 (1), 1-12.

43 薩南諸島の海岸

鹿児島県環境林務部自然保護課監修 (2010)：図説・屋久島, 第5刷. pp.18-19, 財団法人屋久島環境文化財団.

44 硫黄鳥島の海岸

Inoue, S., Kayanne, H., Yamamoto, S. and Kurihara, H. (2013)：Spatial community shift from hard to soft corals in acidified water. *Nature Climate Change*, 3, 683-687.

沖縄県教育委員会：沖縄県史　資料編13　自然環境1硫黄鳥島.

45 サンゴ礁の海岸

日本サンゴ礁学会編 (2011)：サンゴ礁学　未知なる海への招待. 東海大学出版会.

環境省・日本サンゴ礁学会編 (2004)：日本のサンゴ礁. 環境省.

コラム1

柴山知也 (2011)：3.11津波で何が起きたかー被害調査と減災戦略一. 早稲田大学出版部.

東北地方太平洋沖地震津波合同調査グループ (2012)：統一データセット（リリース20121229版）, http://www.coastal.jp/ttjt/.

コラム2

Honma, Y. and Kitami, T. (1978)：Fauna and flora in the waters adjacent to the Sado Marine Biological Station, Niigata University. *Annual Report of Sado Marine Biological Station, Niigata University*, 8, 7-81.

西平守孝, Veron, JEN (1995)：日本の造礁サンゴ類. 海游舎.

杉原　薫, 園田直樹, 今福太郎, 永田俊輔, 指宿敏幸, 山野博哉 (2009)：九州西岸から隠岐諸島にかけての造礁サンゴ群集の緯度変化. 日本サンゴ礁学会誌, 11, 51-66.

高槻　靖他 (2007)：日本周辺海域における海面水温の長期変化傾向. 測候時報, 74, S33-S87.

Yamano, H., Sugihara, K. and Nomura, K. (2011)：Rapid poleward range expansion of tropical reef corals in response to rising sea surface temperatures. *Geophysical Research Letters*, 38, L04601.

Yamano, H., Sugihara, K., Watanabe, T., Shimamura, M. and Hyeong, K. (2012)：Coral reefs at 34°N, Japan：Exploring the end of environmental gradients. *Geology*, 40, 835-838.

索　引

■欧　文■

ARGUS画像　88

■あ　行■

アイスゴージング　16
アイスブーム　16
青潮　5
青島海岸　118
アオノリ　72
アカウミガメ　66
赤潮　5, 70
秋谷海岸　48
アコヤガイ　70
浅瀬　40
アサリ　40
アシカ島　114
足摺宇和海国立公園　100
足摺岬　100
愛鷹山　62
穴見海岸　86
安倍川　64
天草諸島　110
天橋立　84
アマモ場　76
有明海　108, 110

硫黄鳥島　128
壱岐島　102
伊射奈芸命　84
イシガレイ　26
伊豆天城山　62
伊勢湾　74
厳島（宮島）　94
五浦海岸　36
茨城港　38
指宿海岸　120
胆振海岸　14
岩舘地震　18

浮島ヶ原　62
牛窓諸島　90
ウミガメ　124
海の中道　104
埋立　40, 82, 94, 104
埋立技術　44
埋立地　42

栄養塩　70
栄養塩循環　12
液状化　44
江湖　108
越波　26
越波防止柵　14
エネルギー減衰　28
江の島　50
沿岸砂州　56, 88
沿岸漂砂　4, 52, 64, 84
沿岸流　2, 84
遠州灘海岸　66
塩性湿地　74
塩性植物　108

横列型砂丘　88
大天橋　84
大搦　108
大阪湾　80
隠岐諸島　92, 102
沖ノ鳥島　45, 132
御輿来海岸　110
鬼の洗濯板　118
小浜湾　60
御舟入堀　28
オホーツク海　12, 16
雄物川　20
オルソフォト　120
温水路　22
温泉　120
温暖化　5

■か　行■

海域公園　102
海岸砂丘　52, 66
海岸侵食　4, 66
海岸段丘　126
海岸保全施設　36
海食崖　2, 36, 114
海食柱　114
海食洞　36
海食洞窟　126
快水浴場百選　78
海成段丘　2
海面上昇　2, 5, 45, 132
海面変化　2
牡蠣　29

カキ　94
カキ礁　40
角礫凝灰岩　86
花崗岩　90
鹿児島湾　122
鹿島港　38
鹿島灘　38
カスプ　88
カスプ輪廻　88
化石漣痕　100
河川水門　20
活火山　22
狩野川　62
カブトガニ　106
蒲生干潟　26
カルスト地形　116
カルデラ湖　120
川砂の大量採取　4
緩傾斜護岸　14
岩礁海岸　92, 118
寛政西津軽地震　18
岩石海岸　2, 20
干拓　108, 110
間氷期　2

紀伊半島　70
キクメイシ　102
象潟地震　22
黄瀬川　62
北上山地　24
供給土砂　52
漁業　40
曲隆　24

串本町　102
熊野灘　70
黒潮　70, 96, 126

気比の松原　58
玄海国定公園　104
元寇　106

洪水　44
洪積砂礫層　96
江東デルタ　42
港湾都市　104
港湾法　42

150

ゴカイ　26
五ヶ所湾　70
ゴミ　106
子吉川　20

■　さ　行　■

災害　44
佐賀平野　108
砂丘　2
砂嘴　20, 64, 84
砂州　2
薩南諸島　124
佐渡島　102
サーフスポット　118
砂礫州　62
サロマ湖　16
山陰海岸国立公園　86, 88
山陰海岸ジオパーク　86, 88
産業化　4
サンゴ　45, 130
サンゴ礁　2, 45, 102, 128, 130
酸性化　132
サンドカスプ　48
サンドバイパス（養浜）　64
サンドバイパス工法　5, 54, 84
サンドリサイクル　84
サンドリサイクル工法　54
三番瀬　40
三陸海岸　24

塩竈　28
ジオパーク　20
潮干狩り　40
シコロサンゴ　100
自然再生　100
シチメンソウ　108
信濃川　52
地盤沈下　40
シーブルー事業　68
十二湖地すべり　18
縦列型砂丘　88
授産社掫　108
小天橋　84
礁原　130
礁池　130
消波工　32
消波ブロック　20, 32
縄文海進　62
礁嶺　45, 130
昭和第2放水路　62
昭和放水路　62
白石平野　108
白神山地　18, 20
白滝島　114

不知火　112
白良浜　78
知床半島　12
人工海岸　42
人工開削　30
人工海浜　44
人工岩礁　36
人工種苗放流　70
人工島　42, 104
人工岬工法　54
人工養浜　80
宍道湖　92
真珠養殖　70
浸水高さ　34

水温上昇　102
吹送距離　98
スタック　114
砂浜　4, 126
砂浜海岸　2, 20
隅田川　42, 44
住ノ江港　108
駿河トラフ　62
駿河湾　62

生痕化石　100
静的な平衡状態　4
世界自然遺産　12, 124
潟湖　20
瀬戸内式気候　90
瀬戸内海　90, 98
瀬戸内海環境保全特別措置法　94
尖角州　122
千畳敷　92
千畳敷海岸　18
仙台港　26
千本砂丘　62

造礁サンゴ　102, 128
造礁サンゴ類　100
足跡化石　86
蘇洞門　60
ソフトコーラル　128

■　た　行　■

大規模潜堤　54
大授搦　108
高潮　44, 96
高島　114
高田海岸　24
卓礁　45
田子の浦砂丘　62
但馬海岸　86
竜串海岸　100

伊達政宗　28
館山市　102
種子島　102, 124
タフォニ　90
俵状節理　86
丹後半島　84
タンデム型人工リーフ　14
地球温暖化　102, 130
地層　36
千葉県　40
地盤改良　44
柱状節理　86
沖積細泥層　96
沖積低地　2
鳥海山　22
チョウセンハマグリ　38
千里浜海岸　56
沈降海岸　86
沈水海岸　118

対馬島　102
津波　28, 44, 62
津波避難ビル　34
津波防潮堤　34
敦賀港　58

T型突堤　78
泥質干潟　108
汀線　88
低平地域　108
鉄砲伝来　126
天井川　108
天竜川　66

東海地震　62
東京湾　40, 42
洞穴　126
島嶼部　94
動的な平衡状態　5
東名運河　28
東北地方太平洋沖地震　24
導流堤　20, 30
突堤　32
鳥取海岸　88
鳥取砂丘　88
利根川　38
トンボロ　78

■　な　行　■

那珂川　38
なぎさドライブウェイ　56
鳴き砂　104
夏井・四倉海岸　30

索引　151

七北田川　26
波除石垣　22
軟弱地盤　108

新潟海岸　52
二色の浜　80
西津軽海岸　18
二線堤　108
日本三景　28, 84
日本のエーゲ海　90
日本の重要湿地500　112
日本の水浴場88選　60, 68, 126
日本の渚百選　56, 78, 92, 110
日本の名松百選　84
日本の夕陽百選　112

沼津・富士海岸　62

残したい日本の音風景100選　36
野付崎　64
ノッチ　114
海苔　40
ノリ養殖　110
ノリ漁　108

■　は　行　■

排他的経済水域　45
博多湾　104
白化　130
白砂青松　74, 84, 90, 92, 104
白砂青松100選　36, 82
爆裂火口　20
羽衣の松　64
はさかり岩　86
波崎漁港　38
波状岩　118
波食棚　18, 20, 36, 86, 92, 114
ハゼ　26
白化現象　102
八田江川　108
羽田空港　44
幅広潜堤　82
浜通り　30
浜名湖　66
バルハン　88
板状節理　86

東日本大震災　26, 40, 44
東与賀海岸　108
微化石　36

干潟　40, 68, 74, 108, 110
飛砂　20, 50, 104
日高海岸　14
ヒトエグサ　72
日比谷入江　42
日向灘　118
氷期　2, 20
氷期・間氷期サイクル　62
漂砂　22, 26, 30
広島湾　94
浜崖　88
浜堤列　2

フィリピン海プレート　62
フォッサ・マグナ　62
覆砂　68
富士川　62
藤沢海岸　50
フナマ島　114
ブリ　72
豊後水道　114

閉塞　30
ヘッドランド　38, 78
ヘッドランド工法　54

防砂堤　22
放水路　20
防潮堤　44, 62
防氷堤　16
放物線型砂丘　88
ポケットビーチ　30, 48, 58, 78, 90, 118, 124

■　ま　行　■

マダイ　70
松阪市　74
松島　28
松名瀬海岸　74
松原　24
マングローブ　2

澪筋　88, 108
三方五湖　58
三河湾　68
御木本幸吉　70
水島　58
ミドリイシ　102
水俣病　112
水俣湾　112

三保半島　64
日本の渚百選　36

ムツゴロウ　110

明治三陸津波　34
雌鹿塚　62
面的防護工法　54

森海岸　98

■　や　行　■

屋久島　124
八代海　112

弓ヶ浜半島　64
ユーラシアプレート　62

養浜　78
米代川　20
鎧の袖　86

■　ら　行　■

ラグーン　26, 104
ラムサール条約湿地　124
リアス海岸　24
リアス式海岸　56, 58, 118
離岸堤　32
離岸堤工法　52
陸繋砂州　120
陸繋島　112
陸棚　22
リサイクル　48
隆起波食台　118
流氷　12, 16
漁場環境改善　76

礫海岸　98
礫浜　80
礫養浜　48
礫養浜工法　5

ロケット　126
六角川　108

■　わ　行　■

和田・高浜海岸　60
湾口津波防波堤　34

編集者略歴

柴山　知也
（しばやま　ともや）

東京都文京区本郷に生まれる
1977年　東京大学工学部土木工学科卒業
　　　　東京大学助教授，横浜国立大学
　　　　教授などを経て
現　在　早稲田大学理工学術院教授（社
　　　　会環境工学科）・横浜国立大学
　　　　名誉教授
　　　　工学博士

茅根　創
（かやね　はじめ）

東京都練馬区に生まれる
1982年　東京大学理学部地学科（地理）
　　　　卒業
1988年　東京大学大学院理学系研究科
　　　　博士課程修了
　　　　通産省工業技術院地質調査所
　　　　主任研究官，東京大学助教授
　　　　を経て
現　在　東京大学大学院理学系研究科
　　　　教授（地球惑星科学専攻）
　　　　理学博士

図説　日本の海岸　　　　　　　　　　　定価はカバーに表示

2013年5月20日　初版第1刷
2013年9月30日　　　　第2刷

　　　　　　　　　編集者　柴　山　知　也
　　　　　　　　　　　　　茅　根　　　創
　　　　　　　　　発行者　朝　倉　邦　造
　　　　　　　　　発行所　株式会社　朝倉書店
　　　　　　　　　　　　　東京都新宿区新小川町6-29
　　　　　　　　　　　　　郵便番号　162-8707
　　　　　　　　　　　　　電　話　03(3260)0141
　　　　　　　　　　　　　Ｆ Ａ Ｘ　03(3260)0180
　　　　　　　　　　　　　http://www.asakura.co.jp

〈検印省略〉

Ⓒ 2013〈無断複写・転載を禁ず〉　　　　　　　印刷・製本 東国文化

ISBN 978-4-254-16065-9　C 3044　　　　　　Printed in Korea

JCOPY　〈(社)出版者著作権管理機構　委託出版物〉

本書の無断複写は著作権法上での例外を除き禁じられています．複写される場合は，
そのつど事前に，(社)出版者著作権管理機構（電話 03-3513-6969, FAX 03-3513-
6979, e-mail: info@jcopy.or.jp）の許諾を得てください．

前農工大 小倉紀雄・九大 島谷幸宏・前大阪府大 谷田一三 編

図説 日本の河川

18033-6 C3040　　B5判 176頁 本体4300円

日本全国の52河川を厳選しオールカラーで解説〔内容〕総説／標津川／釧路川／岩木川／奥入瀬川／利根川／多摩川／信濃川／黒部川／柿田川／木曽川／鴨川／紀ノ川／淀川／斐伊川／太田川／吉野川／四万十川／筑後川／屋久島／沖縄／他

学芸大 小泉武栄編

図説 日本の山
――自然が素晴らしい山50選――

16349-0 C3025　　B5判 176頁 本体4000円

日本全国の53山を厳選しオールカラー解説〔内容〕総説／利尻岳／トムラウシ／暑寒別岳／早池峰山／鳥海山／磐梯山／巻機山／妙高山／金北山／瑞牆山／縞枯山／天上山／日本アルプス／大峰山／三瓶山／大満寺山／阿蘇山／大崩山／宮之浦岳他

前農工大 福嶋 司・前千葉高 岩瀬 徹編著

図説 日本の植生

17121-1 C3045　　B5判 164頁 本体5800円

生態と分布を軸に植生の姿をカラー図説化。待望の改訂。〔内容〕日本の植生の特徴／変遷史／亜熱帯・暖温帯／中間温帯／冷温帯／亜寒帯・亜高山帯／高山帯／湿原／島嶼／二次草原／都市／寸づまり現象／平尾根効果／縞枯れ現象／季節風効果

森林総研 鈴木和夫・東大 福田健二編著

図説 日本の樹木

17149-5 C3045　　B5判 208頁 本体4800円

カラー写真を豊富に用い、日本に自生する樹木を平易に解説。〔内容〕概論（日本の林相・植物の分類）／各論（10科―マツ科・ブナ科ほか、55属―ヒノキ属・サクラ属ほか、100種―イチョウ・マンサク・モウソウチクほか、きのこ類）

農工大 岡崎正規・農工大 木村園子ドロテア・農工大 豊田剛己・北大 波多野隆介・農環研 林健太郎著

図説 日本の土壌

40017-5 C3061　　B5判 184頁 本体5200円

日本の土壌の姿を豊富なカラー写真と図版で解説。〔内容〕わが国の土壌の特徴と分布／物質は巡る／生物を育む土壌／土壌と大気の間に／土壌から水・植物・動物・ヒトへ／ヒトから土壌へ／土壌資源／土壌と地域・地球／かけがえのない土壌

日本地質学会構造地質部会編

日本の地質構造100選

16273-8 C3044　　B5判 180頁 本体3800円

日本全国にある特徴的な地質構造―断層、活断層、断層岩、剪断帯、褶曲層、小構造、メランジューを100選び、見応えのあるカラー写真を交え分かりやすく解説。露頭へのアクセスマップ付き。理科の野外授業や、巡検ガイドとして必携の書。

埼玉大 浅枝 隆編著

図説 生態系の環境

18034-3 C3040　　A5判 192頁 本体2800円

本文と図を効果的に配置し、図を追うだけで理解できるように工夫した教科書。工学系読者にも配慮した記述。〔内容〕生態学および陸水生態系の基礎知識／生息域の特性と開発の影響（湖沼、河川、ダム、汽水、海岸、里山・水田、道路など）

加藤碵一・山口 靖・山崎晴雄・渡辺 宏・汐川雄一・薦田麻子編

宇宙から見た地形

16347-6 C3025　　B5判 144頁 本体5400円

ASTER衛星画像で世界の特徴的な地形を見る。〔内容〕ミシシッピデルタ／グランドキャニオン／ソグネフィヨルド／タリム盆地／南房総／日本アルプス／伊勢志摩／長野盆地／糸魚川-静岡構造線／アファー／四川大地震／岩手宮城内陸地震等

産総研 加藤碵一・名大 山口 靖・環境研 渡辺 宏・資源・環境観測解析センター 薦田麻子編

宇宙から見た地質
――日本と世界――

16344-5 C3025　　B5判 160頁 本体7400円

ASTER衛星画像を活用して世界の特徴的な地質をカラーで魅力的に解説。〔内容〕富士山／三宅島／エトナ火山／アナトリア／南極／カムチャツカ／セントヘレンズ／シナイ半島／チベット／キュプライト／アンデス／リフトバレー／石林／など

東大 平田 直・東大 佐竹健治・東大 目黒公郎・前東大 畑村洋太郎著

巨大地震・巨大津波
――東日本大震災の検証――

10252-9 C3040　　A5判 212頁 本体2600円

2011年3月11日に発生した超巨大地震・津波を、現在の科学はどこまで検証できるのだろうか。今後の防災・復旧・復興を願いつつ、関連研究者が地震・津波を中心に、現在の科学と技術の可能性と限界も含めて、正確に・平易に・正直に述べる。

日大 首藤伸夫・東北大 今村文彦・東北大 越村俊一・東大 佐竹健治・秋田大 松冨英夫編

津波の事典

16050-5 C3544　　A5判 368頁 本体9500円
〔縮刷版〕16060-4 C3544　　四六判 368頁 本体5500円

世界をリードする日本の研究成果の初の集大成である『津波の事典』のポケット版。〔内容〕津波各論（世界・日本、規模・強度他）／津波の調査（地質学、文献、痕跡、観測）／津波の物理（地震学、発生メカニズム、外洋、浅海他）／津波の被害（発生要因、種類と形態）／津波予測（発生・伝播モデル、検証、数値計算法、シミュレーション他）／津波対策（総合対策、計画津波、事前対策）／津波予警報（歴史、日本・諸外国）／国際的連携／津波年表／コラム（探検家と津波他）

上記価格（税別）は 2013 年 8 月現在